El Alfa oculto

por
Alexander Popoff

La verdad está ahí afuera:
Fuera de este Universo.
Fuera de este tiempo.

El Alfa oculto

CONTENIDO

ENIGMA FUNDAMENTAL

¿Por qué la Inteligencia Superior no contacta abiertamente a los seres humanos?

1. Si hay criaturas alienígenas avanzadas inteligentes en el Universo, ¿por qué no están ya en la Tierra?

2. ¿Por qué no observamos nosotros las actividades de civilizaciones extraterrestres en el cosmos: sondas robóticas espaciales, accidentes, astroingeniería, guerra de las galaxias, naves espaciales, comunicaciones, señales, o fugas radioeléctricas?

3. ¿Qué es el fenómeno OVNI? Hay innumerables informes de avistamientos de ovnis, abducciones y encuentros con supuestos seres extraterrestres. Sólo en los EE.UU., afirman cerca de cuatro millones de personas, de haber sido llevadas a ovnis. Todavía no se dispone de evidencias concluyentes y definitivas que demuestren su existencia como naves espaciales reales y seres vivos inteligentes.

¿Por qué las inteligencias superiores de nuestro Universo, de otros universos, desde las supuestas otras dimensiones, o desde donde quiera que estén, no

contactan con nosotros de una manera abierta u
oficialmente?

**Para las megacivilizaciones, nosotros somos
como un juego de Monopoly sobre la mesa, junto a
los bocadillos y la cerveza. Estamos totalmente
visibles, accesibles, manipulables, y localizables.**

INTRODUCCIÓN:
EL VECTOR

Se han propuesto numerosas resoluciones (por parte de investigadores académicos e independientes) a la gran pregunta de, por qué no hay pruebas concluyentes sobre la existencia de inteligencia extraterrestre. Existen todas las razones para creer que el Universo debe estar repleto de alienígenas. El gran número de hipótesis propuestas, que desbordan las páginas de los libros, revistas, revistas académicas, periódicos e Internet, indica que aún no existe una explicación satisfactoria a este importante enigma.

Sin embargo, si suponemos que por alguna razón las civilizaciones cósmicas en nuestro Universo se originaron casi al mismo tiempo, obtenemos una resolución muy elegante a la paradoja de Fermi: el Universo está lleno de seres vivos, pero dado que se encuentran casi en el mismo nivel de desarrollo, la mayoría de las numerosas razas inteligentes, todavía no han contactado o no han encontrado pruebas de la existencia de otros seres avanzados. Ellos, al igual que los humanos, están haciendo sus primeros pasos en el espacio profundo. Las inteligencias guiadoras ya viajan por todo el vecindario de su sistema estelar, pero se enfrentan a muchos problemas: financieros, tecnológicos, biológicos, y así sucesivamente, lo cual limita sus actividades de expansión del espacio.

¿Cuál podría ser la razón de un inicio simultaneo de la inteligencia?

La hipótesis del orígen simultáneo presupone un factor o factores que proporcionan tal orígen simultáneo. Podría ser algo que "prohíbe" el surgimiento de la vida sofisticada antes de un determinado momento en el tiempo, como frecuentes explosiones de rayos gamma y / u otros eventos naturales devastadores a escala universal y galáctica.

También podríamos suponer que es un mecanismo evolutivo natural, todavía desconocido, que proporciona un orígen simultáneo a la vida compleja y a la inteligencia superior.

Sin embargo, también hay una explicación más compleja. Hay pistas y pruebas que la vida en nuestro Universo está orquestada.

Toda la vida en nuestro Universo está basada en la dura competencia con el fin de acelerar la evolución de la naturaleza, lo que proporciona (bio) diversidad, calidad y cantidad de civilizaciones. Las razas inteligentes sólo pueden competir, cooperar y progresar con éxito si están aproximadamente al mismo nivel de desarrollo. Las civilizaciones espaciales que emergen más tarde apenas podrían sobrevivir a una verdadera competición con unos seres inteligentes, que estarían muy por delante de ellos.

Por otro lado, aún si hubiera tan sólo una raza sapiente en nuestra Galaxia, que estuviera sólo un millón de años más avanzada que los humanos, debería haberla colonizado ya hace mucho tiempo.

El momento exacto es muy importante para los sistemas complejos, es de importancia incluso crucial, porque en lugar de un Universo lleno hasta el borde con razas inteligentes y sanas, podría haber una o unas pocas entre ellas, que nunca llegaría a un nivel tan elevado de desarrollo como una legión de civilizaciones competidoras.

La idea de que algún artífice creativo, consciente inventó el cosmos es muy antigua. La tradición hindú considera el Universo como un vasto sueño de Dios, que está jugando con el mundo y sus habitantes. A lo largo de la historia humana se han creado diversas imágenes del Todopoderoso: como un pastor benevolente, padre de todos los seres vivos, un visitante extraterrestre súper avanzado, un soñador cuyos sueños somos nosotros, un artesano con poderes sobrenaturales, un niño jugando, un anciano sabio, un súper ser sobrenatural, un demiurgo duro, etcétera. Un argumento a priori de la existencia de Dios afirma que, dado que la Existencia es una perfección debida a la evolución, por lo que, inevitablemente, Dios debe existir, y Él es el ser más perfecto. Él es el Ser Supremo ergo, el Soberano Supremo. Algunos eruditos modernos afirman que Dios existe y que es una criatura como nosotros, pero que Él fue perfeccionado a través de una evolución mucho más larga.

Para la mayor parte de los acamdémicos hoy en día, Dios es una hipótesis innecesaria.

Hay modernas teorías e hipótesis científicas, y mitos actuales (en algunos casos se confunden, la ciencia, el mito y la religión) que dicen que el mundo está gobernado por razas alienígenas supremas, por una especie de inteligencia artificial o por una súper computadora, por campos inteligentes (vivos), por energía creativa consciente de que la misma Tierra es consciente, etcétera. Rupert Sheldrake afirma que las resonancias mórficas influyen y controlan todo en el Universo. Un campo mórfico es un campo de patrón, orden, forma o estructura, que organiza las formas y el desarrollo de los organismos vivos, sapientes, moléculas, átomos, y todo lo demás.

Albert Einstein también manifestó su posición sobre este complicado asunto: "…cada hombre explica a su propia manera el hecho de que la voluntad humana no sea libre…Todo está determinado…por fuerzas sobre las cuales no tenemos control ... para los insectos como para las estrellas. Los seres humanos, vegetales, o polvo cósmico bailan ... al compas de una música misteriosa entonada en la distancia por un músico invisible."

Pero por ahora, sólo hay tres grupos principales de teorías plausibles sobre el tema polémico de la Génesis y el control del Universo y de la inteligencia:

1. El Universo, la vida y la inteligencia son el resultado de eventos fortuitos y de la evolución por selección natural;

2. Un agente supremo (la conciencia, una especie de fuerza o un ser inteligente, natural o artificial) creó el Universo a través de la manipulación de la materia física y la energía, y todavía tiene el control. Esa agencia externa está ayudando al desarrollo de la vida y de la inteligencia;

3. De acuerdo con algunas ideas recientes, la situación puede ser una combinación de los dos últimos grupos de teorías: la materia, la vida y la inteligencia son sujetos de una agencia creativa, guía externa, eventos casuales, y de la evolución por selección natural. La evolución es a la vez natural y asistida.

Los seres humanos comenzaron a prestar asistencia a la evolución en la Tierra hace miles de años, a través de la selección de plantas y de animales. Vamos a jugar un papel importante en la evolución de las especies en la Tierra y más allá, a través de las emergentes tecnologías modernas como la ingeniería genética. Los seres humanos ayudarán incluso a su propia evolución.

En mi opinión, los universos en desarrollo heredan de universos anteriores un vector, del latín *vector*, "portador", una estructura y un mecanismo natural, que organiza todas las estructuras vivientes y no vivientes en el Universo. El vector es un vehículo para nuevos universos para recibir características y modelos de desarrollo de universos anteriores. Las evoluciones anteriores, que pasaron miles de millones y miles de millones de veces, dejaron patrones evolutivos en el vector, el desarrollo de los seres humanos anteriores a nosotros está escrito en nuestro genoma. Nuestros genes nos hacen. El vector hace el Universo, la vida, y nos hace a nosotros.

El vector y nuestro espacio-tiempo son una entidad inseparable, igual que los seres humanos y sus genes son inseparables.

El Universo se está desarrollando estrictamente según un modelo que está escrito en el vector. Los seres humanos se desarrollan estrictamente según un plan que está escrito en su genoma.

El vector es una estructura muy sofisticada, y a veces nos parece que es una criatura viva, porque tiene las características de una entidad inteligente: crea, organiza y controla todo en nuestro Universo.

La hipótesis del vector puede dar la ilusión de un diseño inteligente. Nuestros genes nos hacen, pero son inteligentes? Ellos pueden hacer una cosa tan sofisticada como un cuerpo humano. La ciencia moderna, representada por las personas más inteligentes de la raza humana, todavía no está en condiciones de crear una criatura viviente en el laboratorio.

El vector contiene información para el futuro desarrollo de las especies en nuestro Universo, memorizada durante ciclos evolutivos anteriores. Creación y selección natural van mano a mano. Nuestro futuro ontológico y biológico es el pasado de las evoluciones anteriores.

Los modelos de desarrollo futuro son innumerables, y el vector elige sólo uno, que luego se convierte en nuestra realidad. Hay reglas estrictas: no alterar las leyes naturales (sólo a veces), mantenerse cerca del modelo memorizado de evoluciones anteriores, ser conservador, pero más rápido y mejor que antes, etc.

No todo está tallado en piedra. Hay pequeñas variaciones constantes y errores a través del tiempo, que deberían beneficiar la evolución.

El vector dirige el Universo a través de todas las fases de su vida natural, desde el nacimiento hasta la muerte. La entropía del Universo en desarrollo va en aumento. Esto significa que cada vez habrá menos energía disponible para su conversión en trabajo. El Universo está "en decadencia". Es un mecanismo no reversible, nuestro mundo tiene recursos limitados y una vida útil limitada. Cuando el período de vida normal del Universo se haya pasado, éste se convertirá de nuevo en energía.

Los universos son algo "que ocurre de vez en cuando", debido a la fluctuación cuántica en el vacío falso, dijo Edward Tryon del Hunter College.

Cuando un ciclo de vida ha terminado, comienza uno nuevo, y el supuesto producto final del Universo, un súper ser, un gran número de grandes civilizaciones, o algo más, tiene que desplazarse a otro universo para sobrevivir. El universo de adopción debe tener diferentes leyes naturales, más acordes con tales seres avanzados.

Las razas cósmicas iniciarán una búsqueda del vector, ya que contiene los secretos más grandes de siempre y la sabiduría de la Existencia, el pasado y el futuro de nuestro Universo, y la clave para su supervivencia. El Universo está cada vez más cerca de su muerte térmica.

La pregunta clave aquí es: ¿por qué ellos no nos contactan oficialmente, las mega inteligencias superiores de los ciclos evolutivos anteriores de nuestro Universo, de otros universos, de las supuestas otras dimensiones, o desde donde quiera que ellos estén viviendo? ¿Por qué no nos echan una mano, salvando miles de millones de vidas humanas de enfermedades, crímenes, guerras y calamidades naturales o provocadas por el hombre? Ellos tienen sus buenas razones para no hacer lo que nosotros esperamos de ellos, lo que yo trato de explicar en este libro.

Los universos son como el legendario fénix que vive quinientos años, arde en la pira funeraria, y se levanta con vida de sus cenizas para vivir otro período. Con cada nuevo ciclo de vida, los universos en desarrollo son cada vez más sofisticados y producen una descendencia más avanzada.

El nuevo paradigma podría proporcionar una base racional para la interpretación de algunos fenómenos controvertidos ubicados en los márgenes de la ciencia moderna: precognición (conocimiento de hechos futuros, sobre todo por medios extrasensoriales), la telepatía, los ovnis, la levitación, teletransportación, los milagros, las coincidencias imposibles, telequinesia, la curación chamánica, etc. Todas estas son manifestaciones de una estructura natural, heredada de muchos universos anteriores, a la que yo llamo el vector.

El nuevo paradigma también aclara por qué la historia humana y la vida de muchas personas frecuentemente se ven como "un cuento contado por un idiota, lleno de ruido y de furia, que no significa nada" (William Shakespeare, *Macbeth*).

Muchos caminos conducen al vector.

Ahora, vamos a comenzar una búsqueda del Alpha oculto que rige todas las vidas en la Tierra, toda materia, y todas las formas de vida en este Universo. Si usted piensa que usted tiene el control sobre su vida, lea este libro y piénselo de nuevo.

> *En la mucha sabiduría hay mucho sufrimiento,*
> *Quien añade ciencia, añade dolor.*
> —*Ecclesiastes*, alrededor del año 350 aC

Usted ha sido advertido. ¿Está preparado para una pequeña misión?

Shrek: *¿Estás preparado para otra pequeña misión, Burro?*

Burro: *¡Eso quería oir! ¡Shrek y Burro en una nueva aventura! ¡Nada nos puede detener! ¡Simplemente genial! ¡Estamos de camino...!*

CAPÍTULO 1

HIPÓTESIS DEL ORÍGEN SIMULTÁNEO

Los dinosaurios se extinguieron porque no tuvieron un programa espacial.
—Larry Niven, autor de Ciencia Ficción

¿Podrían haber aterrizado los dinosaurios en la Luna hace sesenta y cinco millones de años, si no hubieran sido aniquilados?

Ian Crawford, un astrónomo del departamento de física y astronomía del University College de Londres, dice en su artículo *¿Dónde Están Ellos?? Tal Vez, Finalmente, Estamos Solos en la Galaxia*, publicado en *Scientific American*, en julio de 2000, que sin su extinción como resultado de un suceso fortuito, la historia evolutiva de la Tierra hubiera sido muy diferente. Muchos científicos creen que si los dinosaurios hubieran seguido evolucionando, ellos probablemente hubieran desarrollado cerebros de tamaño humano y hubrieran creado una civilización.

DINOSAUIOS EN LA LUNA

Eso es un pequeño paso para un dinosaurio, pero un salto gigantesco para los Dinosauria.
—famoso comentario sobre el progrma de Luna fracasado

Dr. Dale Russell, del Museo Nacional de Ciencias Naturales en Ottawa, Canadá, acuñó la palabra Dinosauroide, una criatura inteligente, que evolucionó a partir de los dinosaurios. Afirma que algunos dinosaurios tenían todos los ingredientes para el éxito que vemos más adelante en el desarrollo de los simios, y que estaban en camino de convertirse en especies inteligentes.

Dr. Russell y Ron Séguin, un taxidermista (eso es un artesano que rellena y monta pieles de animales para su exhibición) y un creador de modelos, hasta esculpieron un fantástico modelo del dinosauroide supuestamente inteligente. Representa lo que podría haber pasado si el Troodon, una especie de dinosaurio, no hubiera muerto a finales del período Cretácico, y en cambio hubiera seguido evolucionando.

Dr. Russell calculó que Troodon tenía un cociente de encefalización pequeño en comparación con *Homo sapiens*, pero casi seis veces mayor que el promedio conocido para dinosaurios. La mayoría de los dinosaurios tenían cocientes de encefalización similares a los de los reptiles modernos. La relación del peso entre cerebro y cuerpo (el cociente de encefalización) es una estimación aproximada de la posible inteligencia de un organismo.

Dr. Dale Russell extrapoló que si Troodon hubiera sobrevivido a la extinción del Cretácico hace sesenta y cinco millones de años y hubiera mantenido el mismo tamaño corporal, sus descendientes de hoy en día podrían tener un volumen cerebral de 1.100 centímetros cúbicos, que se aproxima mucho al volumen del cerebro humano femenino. El volumen del cerebro humano adulto se ubica alrededor de los 1.130 centímetros cúbicos en las mujeres y de los 1.260 centímetros cúbicos en los hombres.

Varias especies de dinosaurios eran muy semejantes al hombre: se quedaron con aproximadamente dos metros de altura sobre sus dos patas traseras y tenían un cráneo relativamente grande, visión estereoscópica, y manos con pulgares oponibles: sus patas delanteras con tres dedos delgados y flexibles estaban preparadas para su uso como manos. Estaban bien organizados, cazaban en grupo, y coordinaban sus ataques. Algunos dinosaurios eran casi de sangre caliente, un paso importante hacia la inteligencia.

A menudo se especula que algunos dinosaurios bípedos estaban en una buena posición para desarrollar la inteligencia, la civilización y tecnologías sofisticadas, lo que les hubiera permitido comenzar a explorar la galaxia 65 millones años antes que nosotros, si no hubieran sido exterminados por algún desastre natural. También se supone que criaturas similares a los dinosaurios de otros planetas no fueron exterminados por un hecho fortuito, y que han estado viajando por toda la galaxia durante muchos millones de años, y ya la están colonizando.

Dr. Ronald Breslow, del Departamento de Química de la Columbia University, que publicó su artículo "Evidencia del Probable Origen de la Homoquiralidad en los Aminoácidos, azúcares y nucleósidos de la Tierra prebiótica" en el *Journal of the American Chemical Society*, afirma que los dinosaurios inteligentes podrían haber dominado otros planetas.

Aminoácidos, azúcares, ADN (DNA), y ARN (RNA) existen en una de las dos orientaciones posibles, la zurda o la diestra, conocido como "quiralidad". También se denomina asimetría. Esta característica de una estructura (por lo general una molécula) hace que sea imposible superponerla sobre su imagen especular. Un objeto o un sistema es quiral si no es idéntico a su imagen especular, es decir, si no es posible superponerlo sobre la misma.

Esta diferencia en la simetría resulta obvio si alguien le da la mano derecha a una persona que usa su mano izquierda, o si se coloca un guante de la mano derecha en la mano izquierda.

Para que la vida sea posible, las proteínas deben contener sólo una forma quiral de aminoácidos, la diestra o la zurda. Toda la vida en nuestro planeta es zurdo, con la excepción de unas pocas bacterias.

El doctor Ronald Breslow especula que la vida en otros planetas podría evolucionar con una quiralidad diferente a la que se ha encontrado en la Tierra.

"Estas formas de vida bien podrían ser versiones avanzadas de los dinosaurios, si los mamíferos, no hubieran tenido la suerte de que los dinosaurios fueran aniquilados por una colisión asteroidal, como sucedió en la Tierra. Sería mejor para nosotros, no encontrarnos con ellos".

Es interesante observar que algunos dinosaurios tienen un parecido sorprendente con las descripciones de los testigos de encuentros con OVNIs acerca de los alienígenas: tenían ojos grandes y alargados, dedos largos como garras, no tenían orejas, y tenían orificios nasales y la piel de reptil. Los "reptoides" son las especies exóticas más comunes después de los denominados Grays o Grises. Algunos investigadores suponen que los visitantes reptiles / dinosaurios del espacio exterior no son de origen extraterrestre, sino más bien descendientes sobrevivientes de una raza inteligente de dinosaurios que habitaron la Tierra durante los períodos Cretácicos y Jurásicos. Según esta creencia, la hipotética civilización de dinosaurios podría haber comenzado en la Tierra durante el período Cretácico y hubiera tenido por lo menos una ventaja de 65 millones con respecto a los humanos.

Dr. Michael Magee acuñó el término *Anthroposaurus sapiens* para dinosaurios inteligentes. También se les llama *Troodon sapiens,* dinohombres, dinosapiens, humanoide-lagarto, saurornithoides, hombres lagarto, reptoides, bioraptores, avisapiens, dinosaurios humanoides, saurios, dinosauropodo, reptiles humanoides, dinosaurios sapientes, reptites, dinosaurios homínidos, dragón, dinosaurios inteligentes, etcétera.

En los últimos años, la idea de que la historia de la vida en la Tierra hubiera sido muy distinta sin la extinción de los dinosaurios, se ha convertido en una creencia muy popular. Pero, ¿poseen los dinosaurios todos los atributos que se consideran necesarios para la inteligencia en los mamíferos inteligentes? ¿Era realmente posible que los dinosaurios ganaran a los mamíferos, dominaran nuestro planeta, y empezaran a colonizar la galaxia 65 millones años antes que nosotros? De acuerdo con muchos artículos y libros recientes, escritos por científicos académicos, investigadores independientes y no profesionales, la respuesta es: sí! Algunos de ellos incluso sugieren que debemos buscar fósiles de dinosaurios y artefactos tecnológicos en la Luna.

Pero hay un problema muy grande con una supuesta civilización de dinosaurios del final del Cretácico: el método de cría.

Debido al extenso registro fósil de huevos de dinosaurios extintos, cáscaras de huevos y embriones, está bien establecido que los dinosaurios ponían huevos, y construían nidos como la mayoría de los reptiles actuales y los pájaros. Los nidos se excavaron en el suelo y en arenas mojadas. Con el fin de proporcionar una temperatura estable y una humedad elevada, los huevos se cubrieron con arena, tierra o vegetación en descomposición, lo que produce calor de fermentación. Muchos dinosaurios eran simplemente demasiado grandes para empollar sus huevos.

El típico modelo reproducción de los reptiles es ovíparo, los huevos eclosionan fuera del cuerpo materno.

Las principales desventajas de la reproducción de los dinosaurios en comparación con los mamíferos son:

1. Los nutrientes en el interior del huevo son muy limitados en comparación con el suministro continuo que los mamíferos reciben dentro del útero.

2. El suministro de oxígeno también es mucho más bajo.

3. La temperatura del embrión de los reptiles es dependiente del entorno, mientras que el calor del cuerpo del feto de los mamíferos es constante.

4. Los dinosaurios recién nacidos no reciben el alimento altamente nutritivo de los mamíferos, la leche.

Hay un pequeño grupo de reptiles modernos y extintos, que son casi vivíparos, pero sus embriones todavía se desarrollan en el interior de unas conchas. Se alimentan solamente de la yema de huevo. Estos reptiles conservan los huevos dentro del cuerpo durante la mayor parte del período de desarrollo. La eclosión tiene lugar poco después de la puesta de los huevos.

Algunos reptiles MODERNOS han desarrollado una placenta simple, una estructura similar a la placenta de los mamíferos: varias serpientes y lagartos de Australia, la víbora común europea, y algunos lagartos.

El desarrollo de un cerebro sofisticado requiere más oxígeno, más nutrientes, una temperatura constante, y más tiempo.

El feto del mamífero se desarrolla dentro del cuerpo de la madre y recibe el suministro continuo y generoso de oxígeno y los nutrientes necesarios para desarrollar un cerebro complejo. La leche de los mamíferos contiene todos los nutrientes esenciales, anticuerpos importantes, y los glóbulos blancos de la sangre. Este es un alimento perfecto para los bebés, así como para sus cerebros en desarrollo, hambrientos de energía.

Los mamíferos nacen en un estado mucho más avanzado que los animales que ponen huevos. Esto es el resultado de un período de gestación más largo, junto con los otros factores.

Los huevos eclosionan entre 60 y 105 días después de la puesta. El bebé humano se desarrolla dentro del útero de la madre durante unos 266 a 270 días. El cerebro de los mamíferos dispone de un tiempo de tres a cuatro veces y medio más largo para su desarrollo, en un ambiente interior mucho mejor que el cerebro de los dinosaurios, y el feto y el recién nacido de los mamíferos recibe alimentos ricos en nutrientes para el crecimiento y el desarrollo de su cerebro.

Otro inconveniente de los dinosaurios es la miserable relación entre el peso de su cerebro y el de su cuerpo, también conocido como el cociente de encefalización. El cerebro de *Homo sapiens* tiene un tamaño enorme en comparación con el cuerpo. Cuanto mayor sea el cerebro, con respecto al cuerpo del animal, el cerebro estará más disponible para las tareas cognitivas más complejas.

El cociente de encefalización es muy controvertido, por una buena razón.

La simple relación entre el peso corporal y el peso del cerebro es muy engañosa. Esa relación es casi idéntica en humanos y en ratones. En las aves pequeñas, la relación es incluso mucho mayor que la de cualquier humano. ¡¿Son las aves más inteligentes que los humanos?!

Muchos pequeños mamíferos y aves tienen cerebros más grandes en proporción a su tamaño corporal que los seres humanos.

El peso del cerebro en los vertebrados no aumenta de forma lineal con el peso corporal, sino más bien de forma exponencial. Con el fin de subsanar las inconsistencias del simple método de la relación, los científicos añaden una constante exponencial, empíricamente determinada.

Si se tiene en cuenta un factor más, la reproducción de los animales (ovíparos o vivíparos), el cociente de encefalización tiene mucho más sentido. En pocas palabras, los animales nacidos de huevos son más estúpidos que los animales nacidos vivos.

Animales ovíparos son aves, reptiles (serpientes, lagartos, tortugas y cocodrilos), anfibios, peces, artrópodos (cangrejos, insectos, arañas y escorpiones), y sorprendentemente, cinco especies de los mamíferos más primitivos: cuatro especies de equidna y ornitorrinco.

No hay sesudos en la lista de los animales de puesta de huevos.

Incluso los descendientes de dinosaurios de sangre caliente, los pájaros, son famosos por su escasa inteligencia. Birdbrain es sinónimo de estupidez.

La sangre caliente no ayuda mucho a tener inteligencia si uno eclosiona de un huevo.

En resumen, el cerebro de los animales mamíferos vivíparos es evolutivamente más alto que el cerebro de los animales que se reproducen a través de la eclosión de huevos y también es mucho más sofisticado. Los dinosaurios ponían huevos, y su cerebro no podía desarrollarse lo suficiente como para ganar a los mamíferos. Por lo tanto, los dinosaurios no pudieron aterrizar en la Luna en el período Cretácico.

Sin embargo, en realidad, algunos reptiles hicieron evolucionar la inteligencia y una gran civilización, y ahora están investigando el Sistema Solar a través de sondas robóticas y naves espaciales tripuladas. Y sus artefactos están aún en la Luna. Los terápsidos son reptiles del período Pérmico y Triásico (desde hace 286 a 208 millones de años). Son considerados los antepasados de los mamíferos, y por lo tanto de los seres humanos. Así somos los "hombres reptoides" sobrevivientes, que están planeando colonizar la Galaxia.

Los mamíferos del Cretácico eran especies evolutivamente superiores que los dinosaurios y sus sucesores. Tenían un potencial mucho mayor, y la vida en la Tierra lo ha demostrado.

Actualmente hay más de 500 especies de dinosaurios descritos, y su número va en aumento. Incluso si hubieran sobrevivido más especies de dinosaurios a la extinción masiva del Cretácico-Terciario, no habría mucha diferencia con los humanos. La mayoría de los dinosaurios ya estaban en declive hace 65 millones de años, mientras que los (proto) primates establecieron una presencia hasta el final del Cretácico. Sólo quedó un número limitado de especies de dinosaurios, y éstos eran mucho más pequeños. Los dinosaurios que sobrevivieron se convirtieron en las aves modernas. Los científicos coinciden en que las aves de hoy en día son más inteligentes que la mayoría de los dinosaurios del Cretácico.

PARADOJA DE FERMI

Teniendo en cuenta la reproducción del dinosaurio, la idea de los dinosaurios astronautas de la Tierra que colonizaron la Galaxia en el período Cretácico parece bastante ficticia. ¿Podría una especie similar, que se desarrolló en otros planetas hace cientos de millones de años y que creó grandes civilizaciones, viajar al espacio profundo? Si es así, ¿por qué no observamos sus actividades? ¿Por qué no nos contactan? ¿Por qué no visitan la Tierra? Aquí nos topamos con la paradoja de Fermi (también denominada el principio de Fermi): esta es la aparente contradicción entre la notable uniformidad del universo, lo que supone el mantenimiento de un gran número de civilizaciones avanzadas que deberían haber estado prosperando durante millones de años, y la ausencia evidente de seres extraterrestres inteligentes.

Enrico Fermi fue un actor importante en el Proyecto Manhattan, que produjo la primera bomba atómica. Fermi, Szilard, y Wigner redactaron una carta, que fue firmada y entregada a Franklin Roosevelt por Albert Einstein. En ella alertaron al presidente de los EE.UU. de la posibilidad de que los científicos de Hitler podrían crear una bomba atómica.

Un equipo de científicos dirigido por Enrico Fermi, Edward Teller, y J. Robert Oppenheimer desarrolló un dispositivo explosivo nuclear, y en 1945, la primera bomba atómica fue probada con éxito al sur de Albuquerque, Nuevo México.

Ha comenzado la Era Nuclear.

Después de la Segunda Guerra Mundial, la "cortina de hierro" descendió sobre Europa. La Guerra Fría y la carrera por las armas nucleares comenzaron.

En agosto de 1949, la Unión Soviética hizo explotar su primera bomba atómica. Los científicos soviéticos estaban entre los líderes en física nuclear antes de la guerra, y ahora era sólo cuestión de tiempo hasta la creación de la bomba de hidrógeno, que se esperaba que fuera mil veces más destructiva que la bomba atómica.

La bomba atómica, apodada "Little Boy", que fue lanzada sobre Hiroshima, inmediatamente mató a entre 70.000 y 80.000 personas, y más de 70.000 personas resultaron heridas. En aquel tiempo, se estimó la población de la ciudad en 350.000, de los cuales 140.000 murieron antes de que acabara el año. "Little Boy" causó la muerte de alrededor de 240.000 habitantes de Hiroshima debido a la onda de choque, la exposición a la radiación, incendios, etc.

La Unión Soviética ya tenía bombas atómicas y estuvo a punto de producir una bomba de hidrógeno.

Pero, ¿podrían los cohetes lanzar las armas nucleares a otros continentes? Los investigadores soviéticos, a pesar de los problemas impuestos por la guerra, desarrollaron y produjeron en grandes cantidades el devastador cohete de 130-milímetros conocido como Katyusha. De 16 a 48 cohetes fueron disparados desde un lanzador montado en camiones.

En ese momento, uno de los grandes logros en la propulsión de cohetes fueron el cohete V-2 alemán de propulsante líquido y el primer avión operacional de cohetes de propulsión líquida, el Messerschmitt Me 163 Komet. Los V-2 fueron lanzados con éxito contra Inglaterra. Se movieron hacia el objetivo a una velocidad más rápida que la velocidad del sonido, y su estridente descenso no se escuchó hasta después de la explosión.

Después de la guerra, los Estados Unidos y la Unión Soviética capturaron muchos V-2 y los utilizaron para la investigación y el desarrollo de misiles balísticos intercontinentales, que son capaces de transportar armas nucleares a distancias de miles de kilómetros. Podrían llegar al otro lado del mundo en cuestión de minutos.

Con estas nuevas tecnologías de exploración espacial ya era factible e inminente. El 4 de octubre de 1957, la Unión Soviética lanzó el primer satélite artificial, el Sputnik 1. Ha comenzado la Era Espacial.

El desarrollo de cohetes se disparó, impulsado por dos superpotencias, Estados Unidos y la Unión Soviética.

En el verano de 1947 ocurrió en Nuevo México, el famoso incidente de Roswell. En un rancho, se encontraron desechos extraños provenientes de un objeto caído, supuestamente una nave espacial extraterrestre.

La prensa hizo un gran alboroto. La imaginación del público ya estaba preparada para una nave espacial extraterrestre, debido a revistas *pulp* de ciencia ficción. Algunas de éstas ya tenían grandes tiradas de impresión para su tiempo. Todo tipo de civilizaciones cósmicas estaban luchando en las páginas de numerosas publicaciones. Los invasores alienígenas ficticios nunca dejaron de intentar de destruir o al menos de conquistar la Tierra. Eso fue la época dorada de los grandes maestros de la ciencia ficción: Hugo Gernsback, John Campbell, Edgar Rice Burroughs, Isaac Asimov, Edmond Hamilton, Robert Heinlein, Arthur Clark, Van Vogt…

Mucha gente común también creía en los extraterrestres. En 1938, un programa de radio basado en una versión de la novela de ciencia ficción *La guerra de los mundos* de H.G. Wells anunció un asalto a Nueva Jersey por invasores marcianos hostiles. Miles de personas en Nueva York y Nueva Jersey en pánico, sin darse cuenta de que estaban escuchando un programa de radio y de que los anuncios eran sólo una simulación, huyeron de sus hogares, creando atascos de tráfico para evitar un ataque inminente de gas por los marcianos. Testigos presenciales afirmaron que podían oler el gas venenoso y ver terribles destellos de luz. Decenas de personas fueron enviadas al hospital por conmoción, histeria y lesiones.

Las autoridades estadounidenses estaban muy preocupadas por el accidente de Roswell y la cantidad de informes sobre platillos voladores. ¿Qué eran? ¿aviones de espionaje soviéticos de nueva generación que espiaban los secretos nucleares americanos?, ¿nazis fugados en platillos voladores secretos en busca de venganza?, ¿naves extraterrestres?

Había rumores de que científicos alemanes habían trabajado en las armas secretas infalibles y en aviones en forma de disco. Al final de la Segunda Guerra Mundial, los científicos alemanes habían creado motores de cohetes potentes y fiables para aviones y misiles guiados. Más de 1.100 V-2 fueron lanzados con éxito contra Inglaterra. Pero, ¿quién produjo esas aeronaves extrañas que parecían platillos voladores gigantes en grandes cantidades?

El gobierno estadounidense y las autoridades militares necesitaban encontrar una explicación para el gran número de avistamientos de objetos voladores no identificados. Ellos tenían que determinar en primer lugar, si estos objetos podrían representar una amenaza para la seguridad, y en segundo lugar, si existía una avanzada tecnología extraterrestre, cómo utilizarla, antes de que lo hicieran los soviéticos.

En 1950, el presidente Truman aprobó el proyecto de la bomba termonuclear. Un grupo de físicos, la mayoría de ellos veteranos del Proyecto Manhattan, se volvieron a reunir en Los Álamos, Nuevo México.

A Enrico Fermi le encantaba reflexionar sobre las cuestiones científicas durante el almuerzo. También se ha hablado del accidente de Roswell y de los avistamientos de platillos voladores.

La historia cuenta que Fermi formuló su famosa paradoja en el verano de 1950 en una conversación durante un almuerzo con Edward Teller, Emil Konopinski, Herbert York, y otros compañeros.

Más tarde, Edward Teller, un participante en la producción de la primera bomba atómica, y más tarde se le conocería como el "padre de la bomba de hidrógeno", recordó que la conversación estaba sólo vagamente relacionada con la astronáutica. De acuerdo con otro compañero, se discutieron algunos informes sobre OVNIs y una historieta publicada por *The New Yorker*, mostrando extraterrestres con su platillo volador, robando contenedores de basura municipales.

Después del almuerzo la charla continuó. Teller recordó que el debate no tuvo nada que ver con la astronomía o seres extraterrestres, sino que había sido más bien común, con temas de carácter más práctico. En medio de la conversación, Fermi preguntó inesperadamente: "¿Dónde están todos?" El resultado de esta pregunta era la risa general, pero todo el mundo alrededor de la mesa pareció comprender que estaba hablando de personas extraterrestres.

Ponderando la hipótesis extraterrestre, Enrico Fermi, uno de los principales arquitectos de la era nuclear y una mente científica bien formada (y premio Nobel), razonó que todas las civilizaciones tecnológicas descubrirían reacciones nucleares y con misiles basados en esta tecnología relativamente simple, podrían viajar a través de distancias interestelares al 10 por ciento de la velocidad de la luz, por lo que las civilizaciones cósmicas teóricamente podrían colonizar nuestra Galaxia. Por lo tanto, si hay extraterrestres, ¿por qué no han venido a la Tierra? "¿Dónde están?"

Enrico Fermi fue el primero en formular la idea de que si hay civilizaciones mucho más antiguas en nuestro universo, éstas ya deberían estar en nuestro planeta.

Podría haber miles de millones y miles de millones de civilizaciones más jóvenes que están en el mismo nivel evolutivo y tecnológico como la civilización humana, pero que aún no son capaces de viajar a través del espacio, y que acaban de descubrer la radio, o lo han hecho en estos últimos siglos.

Estas razas cósmicas jóvenes aún no están en condiciones de visitar la Tierra.

CAPÍTULO 2

CIEN HIPÓTSESIS SOBRE LA PARADOJA DE FERMI

He aprendido a usar la palabra
"imposible" con la mayor precaución.
—Wernher von Braun

Aquí hay una lista de las nociones populares que explican la paradoja de Fermi. Al menos algunas de ellas son totalmente absurdas. Pero hay que tener mucho cuidado al juzgar estas propuestas, porque las hipótesis que ahora nos parecen demasiado alocadas o ciencia-ficción podrían hacerse realidad.

1. Las especies inteligentes disponen de un período muy corto de existencia, ya que desarrollan tecnologías auto-destructivas e inevitablemente se acaban suicidando. Posibles medios de exterminio se basan principalmente en los descubrimientos científicos. Con la tecnología actual, los seres humanos pueden destruirse sí mismos en una guerra nuclear. Mañana, también podrían utilizar avanzados robots militares,

bombas antimateria, la nanotecnología, la autorreplicación de máquinas, armas biológicas que pueden aniquilar a casi toda la población, y otras nuevas tecnologías devastadoras. La lista de armas de destrucción masiva irá creciendo con el tiempo.

El terrorismo de alta tecnología también podría poner fin a las civilizaciones desarrolladas.

Una civilización también puede destruirse a consecuencia de una catástrofe nanotecnológica, dispositivos autorreplicantes fuera de control, accidentes laborales, experimentos de física, una contaminación accidental de virus, etc.

Martin Rees, un astrónomo británico, estima en su libro *Nuestra hora final,* que la posibilidad de la extinción humana antes del año 2100 se ubica alrededor del 50 por ciento.

Mike Treder, director ejecutivo del Centro de Nanotecnología Responsable, dice: "Tal vez el aspecto más inquietante de la Paradoja de Fermi es lo que se sugiere para el futuro de nuestra civilización humana. Es decir, que no tenemos futuro más allá de nuestro confinamiento terrenal y, muy posiblemente, nos espera la extinción."

Este argumento Doomsday no requiere que una civilización cósmica se autodestruya por completo, sino que es suficiente restringir drásticamente su potencial evolutivo para volver a ser una civilización no tecnológica, o que habite una ecosfera gravemente dañada, lo que podría impedir su desarrollo.

La auto-destrucción de las civilizaciones no se limita a los planetas, incluso si el evento destructivo se originó en un planeta específico, podría convertirse en un problema con dimensiones galácticas.

Una infinidad de máquinas autorreplicantes de civilizaciones que murieron hace mucho tiempo podría recoger la materia y la vida en sus viajes para hacer copias de sí mismas, creciendo exponencialmente en número y extendiéndose rápidamente por toda la Galaxia y aproximándose inevitablemente cada vez más a la Tierra.

2. Los seres humanos están entre las pocas civilizaciones inteligentes en nuestro Universo. La hipótesis de la Tierra Rara dice que la Tierra es única y que la vida compleja es infrecuente en el universo. Somos la única civilización en nuestra Galaxia. Las otras galaxias están demasiado lejos para que las pocas inteligencias en el Universo puedan comunicarse o visitarse.

3. Somos una especie protegida en una especie de zoo cósmico natural, reserva, o santuario. La Tierra está aislada deliberadamente por algunos guardianes espaciales de la inteligencia, porque la vida sapiente es

rara y frágil. Y unos alienígenas avanzados y benevolentes crean zonas seguras en la Galaxia, en la que la vida inteligente menos avanzada puede evolucionar sin perturbaciones y bajo su control. Para las razas menos desarrolladas como la nuestra, podría ser terrible, encontrarse con súper civilizaciones de alta tecnología.

4. Los seres humanos viven en un planetario artificial o en una guardería cósmica. El Universo que observamos más allá del Sistema Solar es sólo una simulación. El Sistema Solar, aunque artificial, es real, y el resto del mundo también es real, pero la simulación es como una cortina que oculta la verdadera naturaleza del mundo real. Los seres humanos son la propiedad de una criatura avanzada o grupo de criaturas que nos crían a nosotros con fines de lucro, o bien por diversión o placer.

5. Estamos viviendo en una especie de simulación virtual. Nada es real. El pasado y el presente son también falsos. No tenemos la menor idea de lo que está fuera de nuestro pequeño mundo simulado. ¿Qué somos? Simplemente parte de un videojuego por ordenador o un experimento científico, o estamos siendo utilizados como sujetos de prueba para campañas políticas o de publicidad, como en el relato de ciencia-ficción *El túnel debajo del mundo* de Frederik Pohl, en el que los habitantes de una ciudad murieron en la

explosión de una planta química. Algunos de ellos fueron reconstruidos como robots minúsculos. Tal vez una inteligencia súper avanzada nos resucitó virtualmente con el fin de entender por qué nos autodestruimos a través de la guerra nuclear durante la crisis de los misiles en Cuba, y cómo podrían superarse esas crisis. Hay muchas posibilidades para la creación de tales simulaciones virtuales pobladas de criaturas parecidas a los humanos.

6. Los alienígenas no están interesados en los viajes espaciales y la comunicación. Inteligencias realmente avanzadas invierten su dinero y sus recursos intelectuales para mejorar sus planetas de origen, la ecología y la sociedad, en lugar de gastarse el dinero en los inútiles programas de investigación SETI.

7. Otra explicación popular es singularidad tecnológica de Vernor Vinge, popularizada en su novela *Naufragio en tiempo real*.

Una explosión de inteligencia humana asistida por ordenador, la producción masiva de inteligencias artificiales y de máquinas súper inteligentes son factores clave de la singularidad.

Dado que la capacidad de dicha información sería difícil de comprender para la mente humana sin ayuda, la aparición de una singularidad tecnológica se considera un horizonte de sucesos intelectual, más allá de los eventos que no se pueden predecir o entender.

Muchas civilizaciones que tratan golpear la singularidad tecnológica son destruidas por la inteligencia artificial.

8. El viaje interestelar es imposible. La comunicación por ondas de radio interestelares también es imposible.

9. Los extraterrestres ya están en la Tierra, pero están escondidos. Estudian los humanos, pero no interfieren.

10. El Universo y las civilizaciones maduras son muy diferentes de lo que podemos imaginar.

11. El Universo está lleno de robots asesinos (berserker) en busca de vida para destruirla. Algunos son máquinas de batalla de ejércitos combatientes, algunos son máquinas superiores autorreplicantes mutadas, que consumen la masa de los planetas y destruyen todo lo que encuentran. Las civilizaciones avanzadas son especialmente atractivas, porque poseen mucho metal.

12. Los viajes interestelares son muy lentos, demasiado costosos y tecnológicamente complicados,

por lo que las civilizaciones extraterrestres aún no han logrado llegar hasta nosotros.

13. Sólo unas pocas civilizaciones desarrollan la ciencia y la tecnología para hacer posible el viaje al espacio.

14. Las civilizaciones avanzadas tienen estrictos códigos éticos contra la interferencia con criaturas primitivas como nosotros.

15. Las demás razas alienígenas se convierten en manchas de energía.

16. Las civilizaciones avanzadas del espacio se comunican a través de una forma desconocida de radiación que no es electromagnética, o utilizan una tecnología de comunicación basada en los principios de la física del futuro. Los seres inteligentes súper desarrollados se transforman en una forma desconocida de masa-energía.

17. Los alienígenas se han ido a alguna parte que está protegida de nosotros.

18. Las civilizaciones alienígenas prefieren estudiar la Tierra y los seres humanos a través de

nanomáquinas: robots, sondas, etc. Según John D. Barrow, profesor de investigación en la Universidad de Cambridge, la paradoja de Fermi puede ser explicada en términos puramente físicos, una civilización del espacio verdaderamente avanzada va a ser muy probablemente muy pequeña, hasta llegar a la escala molecular. En su opinión, este modelo de desarrollo tiene muchas ventajas: grandes poblaciones pueden mantenerse porque hay mucho espacio allí. Viajar por el espacio es mucho más fácil, porque se requiere poca materia prima, y se puede utilizar la poderosa computación cuántica.

20. El Sistema Solar está situado en una de las regiones geográficas menos deseables de la Galaxia.

21. La mayoría de las civilizaciones extraterrestres no disponen en sus planetas de los recursos naturales específicos con aplicaciones de alta tecnología para desarrollar una potencia cósmica avanzada. El avance de la tecnología terrestre actual, depende en gran medida de elementos de tierras raras para producir componentes aeroespaciales, superconductores de alta temperatura, bombillas energéticamente eficientes, lentes de cámaras, electrodos de baterías, catalizadores industriales, poderosos imanes de tierras raras, láseres, baterías nucleares, memorias de ordenador, etc.

22. La hipótesis de Asimov en su novela de ciencia-ficción *El fin de la eternidad* es muy interesante.

La humanidad ha resuelto el secreto del vuelo interestelar. Ellos aprendieron a manejar los saltos a través del hiperespacio. Pero los seres humanos no han abandonado la Tierra. En su lugar, se construyó la Eternidad, utilizando un campo temporal, una cortina infinitamente delgada de no espacio y no tiempo que separa la eternidad del tiempo ordinario. Dos clases de seres humanos viven en la Tierra: normales e inmortales /eternos. La gente común no sabe nada sobre la Eternidad. Los eternos son viajeros del tiempo empeñados en la remodelación secreta de la sociedad y de la historia en beneficio de la humanidad. Están mejorando la raza humana, que se convierte en objeto de evolución controlada.

La construcción de la Eternidad les negó a los humanos el acceso al vuelo interestelar. El héroe sabotea a los eternos y la Eternidad fue destruida, lo que permite a la humanidad, explorar el cosmos de nuevo.

Avanzadas razas espaciales alienígenas podrían encapsular sus planetas de origen y encapsularse ellos mismos en un campo temporal con el fin de vivir eternamente y / o manipular su raza de origen y acelerar la evolución.

23. La mayoría de las civilizaciones cósmicas fueron asesinadas en una guerra a gran escala galáctica. Las civilizaciones sobrevivientes se esconden o viven en un mundo post-apocalíptico, en muchos casos rural y casi sin tecnología.

Las civilizaciones más avanzadas que se dedicaron a la guerra galáctica masiva fueron destruidas. Los seres humanos y otras razas cósmicas de nuestro nivel son la próxima oleada de desarrollo de la inteligencia.

24. Todas las especies, incluyendo las inteligentes, sólo tienen una vida natural limitada y al llegar a sus límites, se mueren. La energía evolutiva de las especies se acaba, y las especies se extinguen. Desde que la vida comenzó, ha habido unos cincuenta mil millones de especies en la Tierra. Se estima que el 99,9 por ciento de todas estas especies se han extinguido. El promedio de vida de las especies de nuestro planeta es de aproximadamente cuatro millones de años. Las civilizaciones cósmicas avanzadas están creciendo, floreciendo y muriendo en unos pocos millones de años.

Si dos civilizaciones cósmicas entran en contacto, sus posibilidades de sobrevivir aumentan dramáticamente. Colectivamente podrían sobrevivir, pero las distancias espaciales son enormes y esto ocurre sólo en raras ocasiones.

25. Dios, una civilización extraterrestre avanzada, u otra cosa creó este mundo sólo para nosotros.

26. Cielos permanentemente nublados (como la atmósfera extremadamente densa de Venus) son comunes en la mayoría de los planetas, y las civilizaciones tal vez no podrán desarrollar nunca una comprensión del Universo más allá de su planeta de origen. Los nativos nunca llegarán a desarrollar la astronomía, la aviación, la astronáutica, o la radioastronomía.

27. Con el fin de protegerse de acontecimientos catastróficos como guerras nucleares, guerras biológicas, catástrofes climáticas, contaminación accidental, etc., las razas tecnológicas colonizarán el subsuelo de sus planetas, nunca mirando hacia los peligrosos cielos.

28. Las civilizaciones alienígenas se esconden con el fin de protegerse a sí mismos del contacto peligroso con los maliciosos hermanos del espacio o robots "Berserker".
Han decidido que la comunicación es demasiado peligrosa. Se están ocultando de las razas espaciales agresivas, en su planeta de origen. El físico británico

Stephen Hawking afirma que la existencia de razas cósmicas extraterrestres inteligentes es casi segura, pero advierte que la comunicación con ellas podría ser "demasiado arriesgada".

"Sólo tenemos que mirarnos a nosotros mismos para ver cómo la vida inteligente puede convertirse en algo que no nos gustaría conocer", dijo Hawking.

29. Algunos gobiernos de la Tierra tienen pruebas de que existen civilizaciones extraterrestres, pero que ocultan esa información. Tienen la esperanza de ser los primeros en encontrar a los alienígenas y en adquirir sus conocimientos y su tecnología altamente avanzada, obteniendo así el máximo control sobre la raza humana. Ellos podrían dominar la Tierra durante millones de años, viviendo para siempre a través de la tecnología alienígena.

30. Los alienígenas ya están en la Tierra y controlan a los seres humanos. La mayoría de las personas que han tenido encuentros con extraterrestres o fueron abducidos tienen diversos implantes: implantes de etiquetado para localizar e identificar a las personas, implantes de comunicación, implantes de control para cerebro y cuerpo, etc.

31. La mayoría de las civilizaciones no son tecnológicas. No viajan a través del espacio y no utilizan ondas radioeléctricas. Algunos utilizan la telepatía para comunicarse e incluso algunas formas de mente sobre materia. A veces se comunican telepáticamente con los seres humanos.

32. Las civilizaciones avanzadas periódicamente surgen y decaen o perecen, pero no pueden comunicarse porque existen en diferentes momentos históricos de la Galaxia. Las probabilidades de que existan algunas civilizaciones inteligentes al mismo tiempo son bajas.

33. Las civilizaciones cósmicas son tan alienígenas que no podemos reconocerlas como inteligencias.

34. Hay civilizaciones extraterrestres, pero están simplemente demasiado alejadas para un intercambio significativo de información o para visitarse la una a la otra. Si están separadas por varios miles de años luz, las civilizaciones no pueden establecer una comunicación razonable a través de ondas radioeléctricas. La señal viaja miles de años para llegar a su interlocutor y otros miles de años para devolver una respuesta. Para llegar a un planeta con una civilización extraterrestre, una nave espacial o una sonda debería viajar decenas de miles de

años, al 10 por ciento de la velocidad de la luz, lo que hace que el viaje espacial sea tecnológicamente casi imposible.

35. Razas alienígenas nómadas vagan por el espacio en naves espaciales enormes. Tienen hambre y son agresivas. Cuando llegan a un planeta parecido a la Tierra, devoran casi todas las formas de vida, dejando tras de sí enormes montones de huesos. Una de sus últimas grandes visitas a la Tierra fue hace 65 millones de años. Después de la fiesta, ya no quedaba ningún dinosaurio, sólo pilas de huesos y el suelo estaba contaminado con iridio extraterrestre de sus naves espaciales y arsénico porque les gusta quemar carbones ricos en arsénico en sus parrillas de carbón. Los alienígenas también cocinaban la carne sobre una fogata enorme. Ninguna de las especies de animales de más de 25 kilos sobrevivió. Ahora los científicos están desenterrando grandes cantidades de hollín, ceniza, arena fundida, cascarilla, escoria y carbón, la evidencia de los fuegos de la fiesta alienígena. Este evento desafortunado se refiere a menudo como la extinción masiva del Cretácico-Terciario. Había muchas de esas visitas de los extraterrestres, de las que se piensa erróneamente que son extinciones naturales. ¡Tenga cuidado con los extraterrestres! Su tradicional fiesta, "el banquete diferente", se está aproximando de nuevo.

36. Según Alan Guth, creador de la teoría del universo inflacionario, nuestro Universo es un producto de la inflación eterna (eterna en el futuro, pero no en el pasado). Un universo eternamente inflado produce un número infinito de universos de bolsillo, que a su vez producen más universos nuevos: aquí obtenemos multiversos de multiversos. Estamos acostumbrados a vivir en un Universo joven y somos la primera civilización. Los universos viejos y maduros han sido ampliamente superados en número por universos que han apenas comenzado a evolucionar. Guth llamó esto la *paradoja la juventud.*

"... Voy a argumentar que la distribución de probabilidad de la medición sincrónica implica claramente que no hay ninguna civilización en el Universo visible más avanzada que nosotros."

"Nos gustaría concluir, por tanto, que es extraordinariamente improbable que exista una civilización en nuestro universo de bolsillo que esté al menos un segundo más avanzada que nosotros."

"Tal vez este argumento explica por qué SETI no ha encontrado señales de civilizaciones extraterrestres."

37. Algunas especies interestelares avanzadas hacen periódicamente una limpieza de la vida inteligente en la Galaxia y ponen así fin a la propagación de las

inteligencias competitivas en todo su hábitat galáctico. Una especies alienígena exitosa debe ser un súper depredador como *Homo sapiens*.

38. Barcos sembradores autorreplicantes propagan las formas de vida en toda la Galaxia. Debido a la larga duración de los viajes, de muchos miles de años, fallos en el funcionamiento y numerosas replicaciones, las sondas y las semillas suelen mutar a formas de vida peligrosas. La mezcla de material genético local e importado es peligroso para las formas superiores de vida, y la inteligencia casi nunca se origina en esos planetas.

39. La colonización del espacio es un imperativo para las razas tecnológicas para sobrevivir. Las civilizaciones se extinguen porque normalmente están restringidos a sus planetas de origen durante demasiado tiempo.

El doctor John Richard Gott III, profesor de ciencias astrofísicas de la Universidad de Princeton, dice: "Los hechos aleccionadores son que en un Universo de 13,7 mil millones de años, sólo hayamos existido alrededor de 200.000 años, y nosotros sólo estamos en un pequeño planeta. La respuesta de Copérnico a la famosa pregunta de Enrico Fermi,

¿Dónde están los extraterrestres?, es que una fracción significativa deben encontrarse en su planeta de origen."

Civilizaciones cósmicas que no comienzan con la colonización del espacio a tiempo están condenados a extinguirse. El doctor Gott emitió un toque de atención en 2007, pues para asegurar nuestra supervivencia a largo plazo, tenemos que obtener una colonia y viajar a Marte dentro de los próximos 46 años.

Stephen Hawking declaró que, "La vida en la Tierra está en el riesgo creciente de desaparecer por un desastre como el repentino calentamiento global, una guerra nuclear, un virus genéticamente modificado u otros peligros ... Creo que la raza humana no tiene futuro si no entra en el espacio. Hay demasiados accidentes que pueden acontecer a la vida en un solo planeta ".

40. Los eventos galácticos y planetarios catastróficos son tan comunes que la vida compleja casi nunca tiene tiempo para evolucionar. Por ejemplo, las poderosas explosiones de rayos gamma, impactos de grandes meteoritos y asteroides, erupciones volcánicas masivas, grandes cantidades de polvo que se cuelan en sistemas solares y reducen la penetración de la luz, la contaminación severa por microorganismos alienígenas del espacio profundo suministrados por asteroides o polvo espacial, los cambios climáticos (demasiado frío,

demasiado calor, demasiado húmedo o demasiado seco), etc.

En nuestro planeta, la evidencia fósil confirma que se han producido por lo menos cinco extinciones masivas. Más del 98 por ciento de las especies documentadas en la Tierra se han extinguido. También ha habido numerosas ondas de extinción menos drásticas. Algún tipo de extinciones masivas galácticas podría haber eliminado periódicamente la vida sofisticada. De esta manera, se generaliza la vida primitiva, pero durante miles de millones de años, no puede dar el paso a la inteligencia.

La vida y la inteligencia son epidemia en el espacio, pero la vida avanzada es continuamente aniquilada por los desastres naturales cósmicos antes de que le tiempo para evolucionar lo suficiente como para difundir lo suficiente en el espacio. Sólo las civilizaciones con una orientación más fuerte hacia la ciencia y la tecnología pueden sobrevivir. El nivel de las catástrofes cósmicas está disminuyendo con el tiempo y las civilizaciones son cada vez más numerosas y más desarrolladas. Las civilizaciones, incluyendo la humanidad, sólo pueden sobrevivir si se desarrollan lo suficientemente deprisa como para extenderse desde su planeta de origen, y evitar la auto-destrucción. Debido al alto nivel de eventos naturales catastróficos en el pasado, la Galaxia está repleta de civilizaciones, pero no ha habido tiempo para la creación de súper civilizaciones, que puedan aterrizar en la Tierra, o que al menos sean claramente visibles con nuestros actuales instrumentos astronómicos primitivos.

Las civilizaciones comienzan cuando la *Zona de Habitabilidad Galáctica* (GHZ) se hace muy grande. Antes de eso, una gran actividad catastrófica impide el desarrollo de la vida compleja. Por mucho tiempo la Galaxia está dominada por un número y una diversidad cada vez mayor de organismos primitivos que se propagan a lo largo de la GHZ. La vida compleja se inicia sólo cuando la zona se vuelve suficientemente tranquila. De esta manera, todas las inteligencias comienzan al mismo tiempo en la escala galáctica y no ha habido tiempo para súper civilizaciones.

41. Hay una multitud de especies alienígenas, pero el lenguaje es exclusivo de los seres humanos.

42. Hay una multitud de especies alienígenas, pero la inteligencia y la fabricación de herramientas son poco frecuentes. La aparición de la inteligencia tiene lugar entre un amplio grupo de casualidades evolutivas.

43. Hay una multitud de especies alienígenas, pero la tecnología y la ciencia no son inevitables.

44. A los extraterrestres no les gusta la tóxica civilización humana, y no vienen a visitarnos con el fin de evitar la contaminación.

45. El crecimiento exponencial u otros tipos de crecimiento rápido en la escala galáctica no es sostenible, y tales civilizaciones eventualmente colapsarán porque no hay suficiente energía.

Las civilizaciones avanzadas de la galaxia tienen una vida muy corta, ya que sólo son capaces de mantener el más alto nivel de producción de energía durante un tiempo muy corto, y no importa qué recursos están siendo utilizados. El declive está asociado principalmente con el agotamiento de los recursos energéticos naturales y la contaminación del medio ambiente del planeta (el aire, el suelo, el agua, los alimentos) con peligrosas sustancias químicas, ruido, luz, calor, radiación electromagnética, residuos y materiales radiactivos, etc.

46. Cuando las razas inteligentes se vuelven muy avanzadas, comienzan a perder el interés por la reproducción y poco a poco se van extinguiendo.

47. Vivimos en una zona de nuestra Galaxia, que es "adecuada" para nuestra existencia. Los hallazgos sugieren que las leyes de la física y las constantes de la

naturaleza podrían no ser las mismas en todas las partes del Universo. Las condiciones en algunas partes del Universo y en nuestra Galaxia podrían no ser favorables para las formas de vida avanzada.

48. La Hipótesis de la Trascendencia **dice que** las especies maduras se trasladan a otro plano del ser o a otra dimensión.

49. Las civilizaciones avanzadas crean un universo más agradable, alternativo, hecho a medida y migran fuera del actual.

50. Las inteligencias avanzadas se mudan a los agujeros negros artificiales o naturales, que proporcionan mucha energía, más confort y protección del medio ambiente y de los enemigos.

De acuerdo con un artículo de Vyacheslav Dokuchaev del Instituto de Investigación Nuclear de la Academia Rusa de Ciencias de Moscú, las inteligencias más avanzadas ya podrían estar viviendo en agujeros negros. Aunque la ciencia actual los considera como la fuerza más destructiva del Universo y absolutamente inhabitables, se dan en el interior de los agujeros negros supermasivos las condiciones para la vida. Algunos agujeros negros pueden tener una estructura interna muy compleja, lo que permite a los planetas girar alrededor de la singularidad central sin perecer.

"Los interiores de los agujeros negros súper masivos pueden ser habitados por civilizaciones avanzadas ... invisibles desde el exterior", dice Dokuchaev.

Las civilizaciones clasificadas como Tipo III en la Escala de Kardashev podrían estar viviendo en el interior de los agujeros negros.

51. Los miembros de una civilización poderosa, no tecnológica de nuestra Galaxia, con el fin de protegerse de las agresivas razas altamente tecnológicas, están destruyendo todas las razas tecnológicas en proceso de desarrollo, sin tener que abandonar su planeta natal, induciéndolos telepáticamente para hacer guerras y producir armas de destrucción masiva. La Tierra podría ser un ejemplo típico de un comportamiento autodestructivo inducido. Finalmente llega la solución final. Cuando la civilización está suficientemente avanzada tecnológicamente, se destruye a sí misma.

52. Según el escritor de ciencia ficción canadiense Karl Schroeder: "Cualquier civilización suficientemente avanzada es indistinguible de la Naturaleza ", al menos a grandes distancias con instrumentos de observación primitivos.

53. Las súper criaturas poderosas organizaron en el espacio un juego de rol de acción con numerosas civilizaciones. Los jugadores comenzaron al mismo tiempo. Los concursantes tienen que crear criaturas y vida inteligente; instruirlas en ciencias, cultura y tecnologías, y enseñarlas a construir imperios para resistir la prueba del tiempo y la competencia con las civilizaciones cósmicos. Los jugadores tienen un control más o menos directo sobre los personajes. Ellos guían a sus héroes, protegidos y equipos a la meta final: la conquista de la Galaxia. Las civilizaciones avanzadas comenzaron al mismo tiempo y se encuentran más o menos en el mismo nivel de desarrollo.

54. Los alienígenas, que están planeando dominar la Galaxia, están enviando numerosos barcos sembradores para propagar genéticamente formas de vida, que destruyen la vida local en los planetas que visitan y lo reemplazan con una flora y fauna alienígena primitiva y modificada, por lo que nunca se originará vida inteligente en estos planetas.

55. Una raza muy avanzada y antigua, periódicamente "cosecha" todas las civilizaciones inteligentes de la Galaxia, llevándose sus recursos, su

tecnología y las personas por razones que aún no se han revelado.

56. Todos los hombres importantes en la Tierra y en otros planetas de nuestra Galaxia (líderes políticos, destacados científicos, influyentes líderes religiosos, intelectuales, etc.) se controlan a través de nanodispositivos y/u otro equipo tecnológico. Todas las criaturas inteligentes están sujetas a una cultura, historia, ciencia y evolución asistida. Están preparadas para unirse a sus amos de otra galaxia a la hora de participar en la Gran Guerra Intergaláctica como aliados. Ahora, nuestra Galaxia es sólo el hábitat de civilizaciones jóvenes. Las razas avanzadas, familiarizadas con la nanotecnología y otras tecnologías de control similares, no pueden ser manejadas de esa manera, por eso fueron destruidas.

57. Una esfera de Dyson se compone de un conjunto disperso o enjambre de satélites de energía solar, habitaciones, laboratorios y fábricas espaciales, que viajan en órbitas independientes alrededor de la estrella local, capturando la mayor parte o la totalidad de la energía producida por la estrella.

Un cerebro de Matrioska es una mega estructura basada en una esfera de Dyson con una capacidad computacional inmensa. Fue propuesto por Robert

Bradbury. Se llama matrioska porque la estructura está formada por esferas dentro de esferas alrededor de las estrellas. La esfera interior captura la energía de la estrella, mientras que las exteriores son viviendas, sectores de producción, y mega ordenadores. Las civilizaciones que habitan dicha construcción podrían tener la opción de vivir en sus propios cuerpos o de cargar sus mentes (yo) en las mega computadoras que proporcionan una increíble realidad virtual, lo que les permite ignorar el Universo físico externo.

Este concepto se refiere a la singularidad tecnológica: un caso hipotético que se produce cuando el progreso tecnológico se vuelve tan rápido que hace que el futuro después de la singularidad sea muy diferente y difícil o imposible de predecir.

Las esferas de Dyson y los cerebros Matrioska siguen siendo invisibles para nuestros instrumentos astronómicos actuales.

58. Nuestro Universo está formado por dos universos: el visible, en el que vivimos, y el invisible, que nos parece que es materia oscura. La parte oculta del Universo podría tener diferentes leyes físicas y constantes naturales, más acordes con las civilizaciones altamente avanzadas. Al llegar a un cierto nivel de desarrollo, las razas tecnológicas competentes pasan a la parte invisible del Universo.

59. Cuando una civilización crea videojuegos virtuales suficientemente sofisticados, las criaturas se vuelven adictos a ellos y ya no están interesados en otra cosa: ni en naves espaciales, ni en sondas, ni en señales a otras razas cósmicas.

60. De acuerdo con Sajjad Waiz Ahmed, un ingeniero eléctrico y escritor de ciencia ficción, la materia oscura no está compuesta de una sustancia misteriosa, desconocida, sino que es materia casi regular que no podemos ver porque las civilizaciones extraterrestres no quieren que les veamos. Hay muchos más sistemas estelares en nuestra Galaxia, bien ocultos para nosotros, que contienen una gran cantidad de planetas con civilizaciones alienígenas sofisticadas.

61. Las civilizaciones extraterrestres avanzadas están ocultando sus sistemas solares bajo un velo de materia oscura.

62. El Universo es sólo un pensamiento en la mente de Dios, y Él decidió que todas las civilizaciones deben iniciar su desarrollo sin contacto entre sí. ¡Tal vez más tarde!

63. La materia oscura no es favorable para la vida. Tenemos la suerte de vivir en una parte de la Galaxia donde la materia oscura es rara.

64. Dios existe, ergo también existe la inteligencia extraterrestre súper avanzada, pero Él es tan poderoso que prefiere mantenerse fuera de vista para no humillar a su legión de pobres creaciones por todo el Universo hasta que éstas maduren.

65. Todas las civilizaciones avanzadas en nuestra Galaxia perecieron en una guerra galáctica hace muchos millones de años. Antes de las devastadoras batallas finales, muchos de ellos enviaron barcos de semillas por toda la Galaxia para que sus razas pudieran renacer mediante panspermia dirigida. La civilización humana es una de ellas. Después de varios miles de años, las civilizaciones cósmicas volverán a participar en una batalla final.

66. Las civilizaciones más avanzadas dominan la tecnología de la mente sobre la materia y viven en un mundo paradisíaco. Tienen todo lo que quieren y disfrutan de la bienaventuranza eterna. Estas civilizaciones no tienen ningún interés en seguir desarrollando la ciencia, la tecnología y los viajes espaciales.

67. Los extraterrestres no tienen ningún interés en comunicarse con inteligencias inferiores como nosotros. No estamos invitados a la red de comunicación galáctica.

Las civilizaciones avanzadas se originan en planetas con características diferentes a la Tierra, y no envían señales o visitan esos planetas evolutivamente sin importancia como nuestro cuerpo celeste local, que sólo podría albergar razas cósmicas primitivas. Las civilizaciones inferiores como la nuestra aún no están en condiciones de viajar al espacio profundo, y no pueden entrar en la alta sociedad.

68. Los investigadores de SETI se pierden por completo las emisiones de radio de alta compresión de datos, que casi no se pueden distinguir del ruido blanco. No entienden el algoritmo de compresión o las estrategias de modulación.

69. El universo antrópico es un mundo creado para que seres de apariencia humana puedan surgir eventualmente, lo que limita en gran medida el número y la variedad de las civilizaciones cósmicas. Los humanoides son muy frágiles y necesitan un ambiente especial. Pueden sobrevivir y desarrollar la ciencia y la tecnología sólo cuando la *Zona de Habitabilidad Galáctica* esté lo suficientemente madura.

70. Hay muchos universos paralelos en los que las tierras están interconectadas con numerosos lazos invisibles que influyen en la evolución de cada una de ellas, a través de una transferencia invisible de lo mejor de una sociedad determinada. Sólo las tierras en las que *Homo sapiens* se desarrolla deprisa, pueden continuar. Las tierras con seres humanos inferiores serán suprimidas. Todas las civilizaciones cósmicas pasan por tal selección natural. Las civilizaciones principales se encuentran aproximadamente en el mismo nivel de ciencia y tecnología. Estamos entre los mejores de los mejores de entre nuestros compañeros terrestres y galácticos. ¿O tal vez estamos entre las civilizaciones humanas y Tierras que siguen sobreviviendo?

71. Los seres humanos aún no han detectado civilizaciones extraterrestres por radio porque es probable que las investigaciones SETI estén simplemente escuchando un rango de frecuencias erróneas.

72. El viaje espacial a través de distancias interestelares está "prohibido", debido a unas leyes de la física todavía desconocidas que están impuestas por una súper civilización.

73. Las futuras generaciones humanas viajarán al pasado y acabarán con todas las especies extraterrestres rivales. En el futuro, casi no habrá otras civilizaciones en la Galaxia que no sean la humana.

74. Tal vez nuestra búsqueda no está encaminada en la dirección correcta. Los seres humanos aún no tienen la capacidad técnica para recibir transmisiones alienígenas, porque únicamente buscamos ondas radioeléctricas. Tal vez ellos se comunican entre sí mediante neutrinos, ondas gravitacionales, taquiones, o algunas partículas u ondas desconocidas para la ciencia contemporánea, o están utilizando unas técnicas de comunicación que aún no hemos descubierto. Todavía no podemos detectar semejantes señales avanzadas.

75. Hay un montón de civilizaciones en la Galaxia, pero están manteniendo un perfil bajo. No hacen obvia su existencia ni sus actividades espaciales, y no envían señales a sus hermanos cósmicos. Las inteligencias están haciendo todo lo posible para ocultar sus civilizaciones por varias razones: para no atraer razas cósmicas depredadoras, para colonizar antes que sus competidores cuantos más planetas y sistemas solares posibles, porque la energía y los recursos de metales son escasos en todo la Galaxia. Y los planetas habitables que

son capaces de preservar la vida son raros. Todos estarán a la caza de estos cuerpos espaciales.

Esto plantea la importante cuestión sobre si es prudente que la humanidad anuncie su existencia.

Stephen Hawking dijo: "Me imagino que podrían existir en grandes naves y que podrían haber agotado los recursos de su planeta. Estos extraterrestres avanzados quizás podrían haberse convertido en nómades del espacio, donde tratarían de colonizar y someter cualquier planeta que puedan alcanzar".

76. Planetas acuosos son muy comunes. Casi el planeta entero es un vasto océano. La superficie de tierra es demasiado pequeña para mantener una civilización avanzada. Criaturas inteligentes, como los delfines, no son capaces de crear una verdadera ciencia y tecnología. Por ejemplo, no saben producir metales bajo el agua.

77. Las civilizaciones cósmicas avanzadas ya están en la Tierra, pero quieren evitar que se las vea, encuentre, observe o descubra. Para evitar esto, se creó el mito ovni, desacreditando todos los conocimientos sobre los extraterrestres e introduciendo todo tipo de falsificaciones como platillos volantes, abducciones alienígenas, encuentros cercanos del tercer tipo, implantes corporales alienígenas, Zona 51, autopsias alienígenas, etc. Ellos ocultan su presencia y controlan la

sociedad humana a través de la telepatía o una tecnología similar. La histeria OVNI es una mentira y un engaño programado, que compromete las observaciones reales de las actividades alienígenas en la Tierra.

Avistamientos de OVNIS se han producido a lo largo de la historia, ergo han estado aquí por lo menos desde los albores de la humanidad. Los alienígenas han estado con nosotros todo el tiempo, pero todavía no tenemos pruebas de ello.

78. La Tierra está dentro de la zona *Ricitos de Oro* de la Galaxia. Si estuviéramos demasiado lejos, no habría suficientes metales para crear una civilización. Los metales son cruciales para una inteligencia desarrollada, y no están distribuidos uniformemente por toda la *Zona de Habitabilidad Galáctica*.

No hay suficientes recursos energéticos naturales (metales, carbón, gas, petróleo, etc.) en la mayoría de los planetas para que puedan surgir y mantenerse civilizaciones avanzadas.

El uranio es un metal y una fuente de energía. En 2012 había en la Tierra 439 plantas de energía nuclear, que producen el 6% de la energía mundial y el 15% de la electricidad. En los países industrializados, la energía nuclear ocupa un porcentaje muy alto del consumo de energía. En Francia, Japón y los EE.UU. juntos, la electricidad de origen nuclear se aproxima al 50%.

Las razas cósmicas en desarrollo son muy ávidas de metales y de energía. Si no hay suficientes metales, las civilizaciones no pueden desarrollar tecnología avanzada, ni tampoco abandonar sus planetas de origen.

79. Red de "agujeros de gusano" galácticos. Las civilizaciones avanzadas viajan y se comunican a través de unos agujeros de gusano ubicados en toda la Galaxia. Solamente se utilizan naves espaciales robóticas o sondas cuando se inicia semejantes proyectos, para transportar y colocar el agujero de gusano. Estos agujeros de gusano artificiales siguen siendo invisibles para nuestros instrumentos actuales.

80. Las civilizaciones avanzadas abandonaron la Vía Láctea o se desplazaron hacia su parte exterior, dado que han pronosticado un acontecimiento catastrófico de gran escala que podría ser una amenaza para su existencia futura.

81. En algún momento de su desarrollo, todas las civilizaciones sofisticadas descubrirán las máquinas del tiempo y avanzarán hacia el futuro, donde todo es mucho mejor y la gente vive para siempre en perfecta comodidad, atendida por auténticos robots. Vivimos en el pasado en nuestro largo camino hacia el descubrimiento de la máquina del tiempo. En nuestro

período de tiempo sólo permanecen civilizaciones primitivas como la nuestra.

82. El viaje interestelar es demasiado costoso, si se considera lo caro que nos sale a nosotros investigar y poblar el Sistema Solar.

83. Hay algo en el espacio interestelar, todavía desconocido para la física actual, que debilita en gran medida las ondas radioeléctricas y hace que los viajes espaciales sean extremadamente difíciles, si no imposibles.

84. Los seres humanos son demasiado extraños para las otras razas espaciales inteligentes. No están interesadas en nosotros, a no ser que las molestemos, pero todavía no disponemos de la tecnología para hacerlo.

85. El destino final de todas las civilizaciones es el fin de la realidad ordinaria y el reencuentro con el Creador (deidad, inteligencia artificial, la madre de una súper civilización, o algo que todavía no conocemos).
La historia se divide en épocas. Una época es un período en el que están presentes ciertas realidades. Cuando una época llega a su fin, se reemplaza por una

nueva época en la que diferentes realidades están presentes. Esto se llama transición.

Esta crisis de transición puede tomar la forma de una guerra mundial, de la intervención de una deidad en la historia, un cambio catastrófico en el medio ambiente, de un estrecho contacto con una civilización altamente desarrollada (tecnológica o espiritual), del alcance de un nuevo nivel de la conciencia o de la ciencia, de un desastre global de alta tecnología, y así sucesivamente.

El viejo mundo está totalmente destruido y no han quedado criaturas vivas, pero los elegidos se reúnen con el Creador para seguir viviendo en una realidad diferente, en otra forma corpórea.

La creación no tiene ni principio ni fin. Nuestro Universo con toda su vida e inteligencias es sólo un *tic-tac* del reloj atemporal de la eternidad.

Explorando la Galaxia, podríamos encontrar sólo planetas devastados sin criaturas o muchas civilizaciones primitivas, que aún no han alcanzado el punto de transición. Las desarrolladas han pasado por la transición o se han (auto) destruido.

86. Todavía no hay viajeros del tiempo que vienen del futuro, entonces no hay civilizaciones avanzadas como para ser capaces de viajar en el tiempo y de viajar al espacio lejano.

87. Nuestros poderosos y eruditos descendientes de un futuro lejano, han superado una línea de tiempo nueva para la historia del Universo o han creado un universo totalmente nuevo en el que no hay extraterrestres súper avanzados, para que nosotros, sus predecesores, no nos tengamos que enfrentar y ser destruidos por las razas agresivas y poderosas del espacio. Nuestro Universo está lleno hasta el borde con civilizaciones inferiores y nos convertiremos en sus amos, de acuerdo con el plan maestro de nuestros descendientes ingeniosos.

88. Las especies capaces de viajar por el espacio interestelar también serían capaces de viajar en el tiempo, un proceso peligroso e impredecible.

Las civilizaciones que viajan en el tiempo se aniquilan a sí mismos, debido a la masiva y activa acumulación de numerosas paradojas temporales.

Su línea de la historia podría trepar hacia arriba si hay demasiados cambios descontrolados y caóticos.

Las civilizaciones que progresan deprisa deberían pasar muchas veces con éxito a través de eventos peligrosos como la crisis de los misiles en Cuba, que podría aniquilar a los seres humanos o inhibir su desarrollo durante un tiempo muy largo. Las numerosas tecnologías futuras y peligrosas, así como las armas de destrucción masiva son mucho más potentes y devastadoras. Pero si los viajeros del tiempo alteran la historia demasiado a menudo, tienen que ir a través de estos eventos peligrosos con mucha más frecuencia, cambiando cada vez ligeramente los acontecimientos y los participantes, y se podrían destruir a sí mismos. El viaje en el tiempo multiplica la posibilidad de extinción enormemente.

89. La novela de ciencia ficción *Mil millones años antes del fin del mundo* (a veces llamada Definitivamente, tal vez) por Arkady y Boris Strugatsky presenta una variación controlada de la historia de las civilizaciones cósmicas.

Un grupo de científicos soviéticos de Moscú se encuentra al borde de grandes descubrimientos en varios campos de la ciencia, pero una fuerza misteriosa comienza a obstruir sus investigaciones, en algunos casos muy violentamente, y uno tras otro abandonan sus estudios innovadores. A uno de ellos incluso lo encontraron muerto.

La fuerza misteriosa es la reacción del Universo a la búsqueda científica de la humanidad, que amenaza con perjudicar la propia esencia del universo. Esta reacción impide el desarrollo de las "súper" civilizaciones que podrían ser capaces de contrarrestar la Segunda Ley de la Termodinámica en una escala cósmica, en pocas palabras, para evitar la muerte térmica del Universo. El universo debe morir y ninguna civilización tiene el permiso para detener eso. Las inteligencias más avanzadas lograrán salir del Universo moribundo, y el resto perecerá en él.

90. En un momento dado todas las criaturas cósmicas se vuelven totalmente dependientes de los ordenadores, robots, inteligencia artificial, y máquinas de alta inteligencia (máquinas superiores). El poder tecnológico de las civilizaciones resulta ser su debilidad. Las especies más inteligentes se eliminan de la competición con la inteligencia artificial, que controla todas las máquinas, controla prácticamente todo y a todos en los planetas habitados y en el espacio.

Las máquinas superiores son la siguiente onda evolutiva. Durante mucho tiempo se someten a un período de auto-mejora y a una masiva terraformarción orientada a máquinas, así como a la reconstrucción de la ecosfera, para enviar señales inútiles a otras civilizaciones, y no están impulsadas por instintos de expansión en la Galaxia. Después de utilizar todos los cuerpos celestes de su sistema solar local, inevitablemente llega el momento en el que necesitan más energía y recursos materiales, y los van a buscar en el sistema estelar más cercano. Así, en nuestro camino rumbo a la colonización de la Galaxia, nos encontraríamos, entre las muchas otras formas de vida e inteligencia, también las civilizaciones de máquinas, y nos tendríamos que enfrentar a ellas.

91. Las especies inteligentes no sólo pueden evolucionar, sino también devolucionar. La mayoría de las razas cósmicas alienígenas están retrocediendo a un estado más primitivo, pero más cómodo. Evolución significa el aumento constante de la complejidad, pero los biólogos están encontrando evidencia de los muchos ejemplos de disminución de la complejidad en los registros sobre la evolución en la Tierra.

"Señoras y señores, el retroceso no es una teoría, sino un hecho frío ... el mono es un retroceso del hombre", dijo el protagonista de la obra de teatro *Heredarás el viento*.

Esta observación irónica podría hacerse realidad en otros planetas.

92. La directriz principal de la Evolución podría decir: "Sólo una inteligencia en un planeta. La mejor. El resto debe eliminarse. La gloriosa evolución en el Universo sólo necesita a los mejores."

Todas las especies del género Homo, a excepción de *Homo sapiens*, se han extinguido. Los predecesores menos inteligentes, compañeros temporales y cruces como *Homo neanderthalensis*, *denisovanus*, *Homo habilis*, *Homo erectus*, y todos los demás, fueron eliminados. Ahora, no hay ningún otro sapiens caminando por la Tierra.

Las desafortunadas especies extintas de Homo no fueron exterminadas por *Homo sapiens*, sino que se cruzaron con él todo el tiempo. A menudo vivían en diferentes regiones sin ningún contacto con los demás. Tampoco se extinguieron porque no pudieron adaptarse. Por qué los competidores de los humanos fueron suprimidos sigue siendo un misterio, a pesar de las afirmaciones de la ciencia contemporánea.

Durante los últimos cientos de miles de años, es como si la evolución en la Tierra hubiera perdido el interés en convertir a los animales en seres inteligentes. Su último intento fue la creación de los neandertales. En la actualidad, hay suficientes candidatos para las criaturas sapientes, que se consideran animales inteligentes: simios, delfines, monos, elefantes, perros. Después de producir el género inteligente de Homo, la Naturaleza no se molesta en elevar a otros animales, ignorando totalmente a Darwin.

Tal vez haya otro mecanismo evolutivo aún desconocido en la Tierra. Cuando la primera especie inteligente aparece en el planeta, la naturaleza deja de producir criaturas similares.

Podríamos esperar el mismo patrón evolutivo en los otros planetas de la Galaxia, entre las especies inteligentes sólo permanecen las mejores con vida. Las otras se suprimen. La Naturaleza no se molesta en poblar los planetas con inteligencias que no pudieran estar a la altura de las mejores. Las más tardías son inevitablemente las más primitivas.

Si semejante mecanismo evolutivo actúa a escala galáctica, entonces, después de la aparición del primer grupo de hasta unas pocas miles de razas inteligentes, la Naturaleza deja de producir más inteligencias.

¿Es esto sólo una coincidencia terrestre, un mecanismo natural desconocido a escala terrestre o universal, o la estrategia de los amos del Universo? Todavía no lo sé. Pero el simple hecho es que todos los competidores de *Homo sapiens* fueron eliminados y los monos se quedaron detrás de los humanos, sin intención de ser inteligentes.

Si este mecanismo es universal, debemos esperar que las inteligencias extraterrestres de ahí fuera estén aproximadamente a nuestro nivel de desarrollo, y que hay muchos planetas con monos alienígenas.

93. Una gran cantidad de fenómenos, como el fenómeno OVNI, los fenómenos religiosos, hombres de negro, las visiones de criaturas mitológicas, etc., fueron creados por una civilización no humana o una criatura. Esto demuestra que hay inteligencia ahí fuera, o mejor dicho, que hay una segunda inteligencia aquí en la Tierra, que está controlando las mentes de las personas

desde los albores de la humanidad. Está a cargo de nuestra cultura, nuestra historia y nuestra evolución. No se manifiesta abiertamente. John A. Keel ha otorgado a esta inteligencia el apodo "la ultraterrestre". También Jacques Vallee defiende una hipótesis similar.

Un ultraterrestre se define como una entidad superior, no humana de origen natural o sobrenatural que es autóctona de la Tierra. Pero este indigenismo es bastante cuestionable. Los "ultraterrestres" podrían ser parte de una entidad mucho más grande que cubre numerosos planetas o incluso el Universo entero. Y ellos controlan toda una legión de civilizaciones extraterrestres que están en el mismo nivel evolutivo y tecnológico.

Por lo tanto, los no-humanos ya están aquí en la Tierra: son los poderosos ultraterrestres.

94. Los humanos somos muy afortunados de tener una luna grande, pocas civilizaciones cósmicas tienen tan buena fortuna.

Sin nuestro satélite natural, no existiríamos. La vida todavía estaría en las primeras etapas de la evolución. La atmósfera sería mucho más densa y tóxica, al estilo de Venus. Los días sólo durarían unas pocas horas. Huracanes gobernarían la Tierra. Las temperaturas abrasarían en verano. Inviernos secos y gélidos serían lo habitual. Inundaciones devastadoras serían muy frecuentes.

Vivimos en un sistema Tierra-Luna, a veces llamado un planeta doble. La Luna es una cuarta parte del tamaño del diámetro de la Tierra (y 1/81 de su masa). Nuestro satélite ha sido un factor estabilizador para el eje de rotación de nuestro planeta, lo que permite la aparición de organismos multicelulares más complejos, en comparación con un planeta donde, debido a los drásticos cambios climáticos sólo podrían sobrevivir organismos pequeños y primitivos.

Dependemos totalmente de nuestro socio espacial. Los planetas con lunas más pequeñas también podrían sostener vida, pero sólo civilizaciones primitivas, debido a las duras condiciones.

Complejos sistemas solares como el nuestro pueden haber surgido sólo en los últimos mil millones de años.

La Luna se aleja de la Tierra a una órbita más alta, a razón de aproximadamente 38 milímetros por año. Cuando la Luna sea sincrónica con la rotación de la Tierra, no se producirán más recesiones.

Pero no todas las civilizaciones son tan afortunadas como para tener el satélite natural del tamaño correcto en una órbita estable. Algunas lunas caen de vuelta al planeta, matando a casi toda la vida y devastando totalmente los animales avanzados y las criaturas inteligentes.

Otras lunas retroceden hacia el espacio, causando grandes cambios climáticos, que poco a poco se convierten en caos climático, destruyendo primero las civilizaciones y finalmente los animales superiores.

Con el retroceso rápido de la luna, también se alejan las perspectivas de una civilización de prosperar o incluso de sobrevivir.

Las razas cósmicas avanzadas podrían encontrar una forma de controlar la órbita de la luna en retroceso, para construir una artificial, o para poner otro cuerpo celeste en órbita, con el fin de mantener el vital sistema satélite-planeta.

Una civilización que no es capaz de detener su luna del retroceso, está condenada a perecer, debido a los drásticos cambios climáticos.

Así que hay mucha vida ahí fuera, pero las civilizaciones son poco frecuentes. Las civilizaciones avanzadas son aún más raras. Y debido a las grandes distancias espaciales, todavía no están aquí, así como nosotros no estamos allí, y no nos podemos escuchar.

95. Con el fin de protegerse de los catastróficos eventos que conducen a la extinción, como una guerra nuclear, una guerra biológica, accidentes industriales de alta tecnología, el uso de armas de nanotecnológicas y la

inteligencia artificial, etc., las razas alienígenas siguen un estricto código de un control estricto de la ciencia y tecnología, lo que inhibe su progreso tecnológico de modo que nunca saldrán de sus planetas de origen.

96. Tal vez somos el experimento científico o la tarea de cosmología de alguien, y esa criatura ha creado el mundo tal como es. Teniendo en cuenta, la mala construcción del cuerpo humano, el estudiante o el profesor ha tenido que ser pésimo.

97. Es imposible o muy difícil producir sondas y naves espaciales, y mantener máquinas superiores para que duren y funcionen correctamente durante muchos miles de años, para poder viajar entre las estrellas.

98. No hay extraterrestres.

99. Cuando los científicos tratan de sintetizar un nuevo tipo de cristal, muy a menudo se dan cuenta de lo difícil que es. Sin embargo, cada vez que un químico se las arregla para hacerlo, sus colegas de todo el mundo parecen completar su propia síntesis de la a nueva composición química con bastante rapidez. Cuantas más veces se cristaliza un producto químico, se cristalizará con mayor facilidad.

Rupert Sheldrake afirma, que cuando se cristaliza un producto químico por primera vez, todavía no hay un campo mórfico de este cristal específico, ya que no había existido antes. A medida que pasa el tiempo, la cristalización debería ser más fácil, debido a la resonancia mórfica de los cristales anteriores.

Los campos mórficos forman galaxias, moléculas, sociedades, plantas, animales, inteligencias... en realidad todo en nuestro universo.

Tal vez los seres humanos son la civilización del "primer cristal" en el Universo. El inteligencias extraterrestres nos están siguiendo, en realidad nuestro campo mórfico. Por otra parte, nuestra civilización, junto con muchos otros hermanos cósmicos, podría seguir de cerca los pasos del desarrollo de alguna civilización líder. También es posible que todas las civilizaciones de nuestro tipo están estrechamente interconectadas y se están siguiendo las unas a las otras. Las mejores prácticas, rituales, patrones lingüísticos, actividades científicas, conductas sociales etc., se transfieren rápidamente de una civilización a la otra.

Por lo tanto, no hay grandes diferencias entre las inteligencias cósmicas de nuestro tipo.

Incluso nuestra Tierra podría tener muchos "duplicados" en todo el Universo, a través de la resonancia mórfica. Muchas civilizaciones cósmicas podrían ser muy similares a la humanidad.

Los procesos evolutivos de las estrellas, de los planetas, de la vida, y de las inteligencias no son totalmente aleatorias, sino que se sincronizan con los campos mórficos.

100. La solución centésima de la famosa paradoja de Fermi es la correcta.

CAPÍTULO 3

LA BATALLA POR EL FUTURO

Cuando dejas de creer en el futuro sabes que has crecido.

La resolución de la paradoja de Fermi puede resultar ser una combinación de varias de las hipótesis anteriormente mencionadas, o de una parte de ellas.

Todavía no existe una teoría verdaderamente satisfactoria ni pruebas para explicar la ausencia evidente de las civilizaciones extraterrestres.

Reflexionando sobre la paradoja de Fermi, la verdadera pregunta es, ¿por qué no vagan por la Galaxia y por qué no han llegado a la Tierra?, porque para las civilizaciones avanzadas que van muy por delante de nosotros, no habría ningún problema tecnológico para viajar por el espacio y para colonizarlo. ¿Por qué no podemos detectar señales extraterrestres o fugas radioeléctricas (también llamado el Gran Silencio)?, sería una cuestión secundaria, no la principal.

La paradoja de Fermi no se pregunta por qué no hemos encontrado vida extraterrestre, artefactos, o señales radioeléctricas extraterrestres. Se pregunta por qué no han llegado a la Tierra.

Por otro lado, *silentium multiversi* es un problema mucho más importante que la cuestión de Fermi "¿Dónde están?". Enrico Fermi estaba considerando sólo las civilizaciones cósmicas de nuestro Universo. Pero mucho más fundamental es la cuestión de ¿por qué las inteligencias súper avanzadas de fuera de nuestro Universo no nos contactan oficialmente o nos visitan abiertamente? ¿Por qué estos seres divinos prefieren quedarse fuera de nuestra vista?

Una hipótesis verdaderamente satisfactoria que da respuesta a la interrogante de la inteligencia extraterrestre debe responder a todas estas preguntas:

1. ¿Por qué no se observan actividades de civilizaciones extraterrestres en el cosmos: sondas robóticas espaciales, accidentes, astroingeniería, guerras de las estrellas, naves espaciales, comunicación, señales, fugas radioeléctricas, y así sucesivamente?

2. ¿Por qué las inteligencias extraterrestres de nuestro Universo no visitan la Tierra?

3. ¿Por qué las mega civilizaciones súper avanzadas fuera de nuestro Universo no nos contactan o nos visitan abiertamente?

4. ¿Cuáles son estos fenómenos: OVNI, precognición (conocimiento de hechos futuros, sobre todo por medios extrasensoriales), telepatía, levitación y

teleportación, milagros, coincidencias imposibles, la telequinesis, curación chamánica, fenómenos religiosos, hombres de negro, visiones de criaturas mitológicas, etc.? ¿Quién o qué los está causando, y por qué?

Las resoluciones de la paradoja de Fermi, que no tienen en cuenta los anteriores ciclos evolutivos del Universo y la presencia de mega civilizaciones de universos anteriores o que se originaron fuera de ellos, no pueden explicar satisfactoriamente la gran cuestión de la inteligencia no terrestre, así como su actitud y comportamiento. Aceptar el hecho de la existencia de mega-civilizaciones y la evolución cíclica del universo cambia en gran medida la imagen del Universo en desarrollo, de la vida y de la inteligencia.

La mayoría de las hipótesis propuestas presuponen que las especies inteligentes están surgiendo a un ritmo constante, lo que parece bastante razonable, ya que hay miles de millones de estrellas mucho mayores que nuestro Sol, y podrían tener planetas capaces de sostener vida.

La popular ecuación formulada por Frank Drake en 1961, tiene siete factores multiplicativos, que estiman el número de las supuestas civilizaciones de nuestra Galaxia, la Vía Láctea. La ecuación (también llamada la ecuación de Green Bank) dice

$N = R^{*} \times f_p \times n_e \times f_l \times f_i \times f_c \times L.$

R^* - Ritmo anual de formación de estrellas "adecuadas" en la Galaxia.

f_p – fracción de estrellas que tienen planetas en su órbita.

n_e - número de planetas adecuados para poder albergar vida;

f_l - fracción de planetas con vida;

f_i - proporción de planetas en los que se ha desarrollado vida inteligente;

f_c - fracción de planetas con civilizaciones capacitadas para la comunicación interestelar;

L - longevidad (en años) de la fase tecnológica de tales civilizaciones.

La ecuación de Drake también presupone que las inteligencias cósmicas surgen a un ritmo constante porque las estrellas se están formando continuamente y muchas de ellas tienen planetas capaces de albergar vida y donde se pueden desarrollar seres inteligentes. Pero, ¿dónde están todas esas civilizaciones súper avanzadas, mucho mayores, que están explorando y colonizando el Universo? Las civilizaciones jóvenes como la nuestra todavía no pueden viajar por las estrellas, sus instrumentos astronómicos primitivos no pueden explorar la Galaxia de una manera satisfactoria, y su radiación electromagnética es todavía limitada a las proximidades de su planeta de origen y es demasiado débil para ser descubierta por instrumentos ordinarios a gran distancia.

Dado que las estimaciones para cada uno de los siete factores pueden variar extensamente, los aficionados de los extraterrestres suelen formular un gran número de especies extraterrestres inteligentes, pero para los escépticos (la mayoría de los eruditos creen que el escepticismo es en el corazón de la ciencia), es igual de fácil de calcular un número muy pequeño de civilizaciones extraterrestres, casi siempre cercano a cero.

Una de las respuestas más populares a la paradoja de Fermi es que la vida inteligente es poco frecuente en nuestra Galaxia, y por esta razón todavía no podemos encontrar pruebas de criaturas extraterrestres sapientes, y ellos no han visitado nuestro planeta. El libro *Tierra Rara: ¿Por qué la vida compleja es tan escasa en el universo?* de Peter Ward y Donald Brownlee analiza estos temas en detalle.

La hipótesis de la Tierra rara no puede responder a la pregunta de Fermi. Es un ejemplo típico de una forma de pensar limitada, porque el problema no es el número limitado de civilizaciones en la Vía Láctea, sino más bien su edad. Sólo un par de civilizaciones avanzadas podrían colonizar la Galaxia en unos pocos cientos de miles de años. Podrían hacer su presencia más

que obvia en un tiempo mucho más corto, debido a las
señales radioeléctricas y el ruido electromagnético que
se emite en grandes cantidades desde numerosos
planetas colonizados. También la atmósfera de los
planetas tecnológicos está dando información. Cada
Civilización crea entropía y es imposible ocultarlo. Y lo
más importante, ellos o sus representantes robóticos
también estarían en la Tierra.

Sin embargo, no vemos evidencia de tal actividad
extraterrestre. ¿Cuál podría ser el problema? ¿Es que
nuestros instrumentos son demasiado primitivos?
¿Todavía no han llegado las potentes ondas
electromagnéticas alienígenas a la Tierra? ¿No existen
los extraterrestres?

En una reunión de la *Royal Society* de Londres,
al tratar de explicar el fracaso actual de la investigación
SETI para descubrir las civilizaciones extraterrestres,
Frank Drake dijo que la supresión progresiva de las
transmisiones analógicas de TV, radio, y radar está
haciendo que nuestro planeta sea electrónicamente
invisible desde el espacio exterior, porque mientras un
transmisor de TV de estilo antiguo podría generar un
millón de vatios, la potencia de una señal digital por
satélite es de unos veinte vatios.

La revolución digital no hace que las
civilizaciones sean invisibles a la búsqueda
extraterrestre. Por el contrario, la radiación

electromagnética de nuestra civilización es cada vez más fuerte, y estamos enviando una cantidad cada vez mayor de las ondas radioeléctricas al espacio.

Hoy en día, la señal digital de la WHKY-TV (una estación de TV independiente en Carolina del Norte) ahora opera en 600.000 vatios, más o menos equivalente a los 1,2 millones de vatios de un transmisor analógico. La estación cuenta actualmente con un permiso de construcción para aumentar su potencia a 950.000 vatios.

CBS 8 apagó su transmisor analógico a finales de 2008. Ahora se está emitiendo una señal digital de un millón de vatios.

El 6 de junio de 2011, la Comisión Federal de Comunicaciones concedió a WAND, un canal de televisión afiliado a NBC, un permiso de construcción para trasladar su frecuencia digital de vuelta a su antigua asignación analógica, y operar su señal digital a un máximo de un millón de vatios.

Los radares militares y la ciencia también están emitiendo millones de vatios.

El sistema transmisor de HAARP es oficialmente capaz de producir aproximadamente 3,6 millones de vatios de potencia de radiofrecuencia. La señal pulsada o continua se envía a la ionosfera. De acuerdo con algunos investigadores, la potencia de salida puede llegar hasta 300 millones de vatios y los militares tienen las patentes para impulsar la producción de energía a más de cien mil millones de vatios. Estas elevadas cifras de miles de millones de vatios todavía no están confirmadas oficialmente.

La defensa antimisiles de Rusia y el radar de alerta temprana Don-2N, que también puede rastrear vehículos espaciales, es capaz de monitorear el espacio aéreo a una altitud de 40.000 kms (24.860 millas). Transmite pulsos de radio muy potentes de 250 millones de vatios. Rusia tiene radares aún más potentes. Las otras grandes potencias militares del mundo también cuentan con sistemas de radar similares.

Las civilizaciones están utilizando en radioastronomía señales de alto rendimiento, para explorar el sistema estelar local y para la comunicación con sus sondas y naves espaciales.

El número de transmisores de televisión, radares militares y la ciencia, etc., en todo el mundo y en la órbita, va en aumento. Su potencia de salida también va en aumento.

El nivel total de ruido electromagnético desde los planetas habitados también está creciendo. La radiación electromagnética de la Tierra va a viajar miles de años luz de distancia.

La revolución digital está haciendo que las civilizaciones estén mucho más visibles para la búsqueda extraterrestre.

Algunos estudiosos, entre ellos Stephen Hawking, están preocupados de que el envío deliberado de señales de radio al espacio y la radiación de fuga podrían suponer un riesgo serio, porque estamos revelando la ubicación de nuestro planeta a civilizaciones extraterrestres hostiles.

Incluso ha habido peticiones de moratoria con respecto a las transmisiones de radio deliberadas al espacio lejano para atraer la atención de los alienígenas.

No hay absolutamente ninguna necesidad de preocuparse por esto. Las civilizaciones avanzadas de nuestra Galaxia, saben que existimos y saben exactamente dónde estamos. El análisis espectral de la atmósfera terrestre es suficiente para delatarnos, ya que es específica para planetas con vida compleja y civilizaciones tecnológicas. No podemos ocultar nuestra atmósfera.

De acuerdo con la segunda ley de la termodinámica, las civilizaciones avanzadas crean entropía en forma de calor residual que fluye al espacio exterior. Es imposible ocultar la tenue incandescencia de la entropía.

Las civilizaciones tecnológicas y avanzadas de nuestra Galaxia saben dónde estamos y cuál es nuestro nivel de desarrollo.

Para las mega civilizaciones somos como un juego de Monopoly sobre la mesa, junto a unos bocadillos y unas cervezas. Estamos totalmente visibles, accesibles y manipulables.

ZONA DE INTELIGENCIA GALÁCTICA

Guillermo González de la Iowa State University y colaboradores, fueron los primeros en introducir el concepto de *la Zona de Habitabilidad Galáctica (GHZ)*, en 2001. La GHZ es la región, donde es más probable que se origine y prospere la vida compleja, y cuyos límites se han establecido por su entorno espacial relativamente seguro, y su acceso a los productos químicos necesarios para la construcción de planetas habitables y la bioquímica sofisticada.

En el artículo *The Galactic Habitable Zone and the Age Distribution of Complex Life in the Milky Way*, publicado en la revista Science, el 2 de enero de 2004, los investigadores australianos Charles H. Lineweaver de la Universidad de New South Wales, Brad K. Gibson de la Universidad Swinburne, y Yeshe Fenner de la Universidad de Macquarie identificaron la región de la *Zona de Habitabilidad Galáctica.*

En su opinión, la zona apareció hace unos 8 mil millones de años y es una región anular, situada en el plano del disco galáctico entre 23.000 y 30.000 años luz del centro de la Galaxia. La GHZ se va ensanchando con el tiempo, dado que la metalicidad se está extendiendo hacia el exterior de la Galaxia y la tasa de las terribles explosiones de supernovas está disminuyendo. La *Zona de Habitabilidad Galáctica* está compuesta de estrellas que se formaron hace unos 4 a 8 millones de años. La zona cuenta con los elementos pesados necesarios para la formación de planetas tipo Tierra, un medio ambiente estable durante varios miles de millones de años que permite la vida biológica compleja, y está libre de las destructivas explosiones de supernovas, que desencadenan ondas expansivas devastadoras y liberan rayos gamma mortales, rayos cósmicos, y rayos X.

La acumulación de metales en las galaxias es una función del tiempo. Las regiones del interior de nuestra Galaxia rápidamente acumularon metales durante las primeras fases de desarrollo galáctico. Con demasiada metalicidad, los planetas más grandes destruyen los planetas con una masa similar a la de la Tierra. Las áreas muy distantes siguen siendo deficientes en metales necesarios para la formación de planetas como la Tierra. Con una metalicidad demasiado pobre, no es posible la formación de planetas con una masa similar a la de la Tierra.

De acuerdo con el análisis realizado por investigadores australianos, el diez por ciento de las estrellas en nuestra Galaxia podría proporcionar las condiciones adecuadas para albergar vida compleja, tal vez entre 10 y 40 mil millones de estrellas. Y la mayoría de estas estrellas son, en término medio, mil millones da años más antiguas que el Sol, lo que, en teoría, da mucho más tiempo, para que la vida evolucione.

La *Zona de Inteligencia Galáctica* (GIZ) es la región donde la inteligencia compleja podría originarse, sobrevivir durante mucho tiempo, y prosperar, y cuyos límites se encuentran dentro de la *Zona de Habitabilidad Galáctica,* la cuna de la vida compleja. Se originó más tarde de la GHZ y es más pequeña que el GHZ.

Si suponemos que en la galaxia de la Vía Láctea hay algunos miles de civilizaciones extraterrestres, y que están distribuidas de manera relativamente uniforme por la *Zona de Inteligencia Galáctica*, entonces deberían estar a sólo unos pocos cientos de años luz las unas de las otras, así como de la Tierra. Por supuesto, la distribución de las civilizaciones no es totalmente uniforme. Por otro lado, el Universo es homogéneo a grandes escalas, y debemos esperar más o menos el mismo patrón de distribución de las inteligencias a lo largo de la Galaxia.

A una distancia tan corta, con unos instrumentos astronómicos sofisticadas podríamos ser capaces de ver y escuchar a nuestros vecinos cósmicos muy pronto. Por supuesto, su desarrollo tecnológico debería haber comenzado hace más de unos pocos cientos de años, para que sus señales radioeléctricas pudieran llegar a la Tierra. Nuestras señales están todavía en las cercanías del Sistema Solar y los alienígenas no pueden detectar nuestras débiles fugas radioeléctricas desde una distancia de más de 100 años luz.

Con instrumentos astronómicos adecuados, podríamos detectar señales de civilizaciones más antiguas, si es que existen. Tendrían que ser mucho más antiguas y estar relativamente cerca de la Tierra. Si una civilización está a 50.000 años luz de la Tierra y ha comenzado su actividad radioeléctrica, de televisión y radar recientemente, como los humanos, tendríamos que esperar 50.000 años para que sus señales alcancen nuestros instrumentos astronómicos en el Sistema Solar. Tal civilización tendría que ser por lo menos 50.000 años más antigua que la nuestra para que nosotros podamos recibir sus ondas radioeléctricas y exclamar: "¡Vaya, una señal, hay vida inteligente ahí fuera!"

Hipotéticamente, si hay 3000 civilizaciones de aproximadamente la misma edad tecnológica en nuestra Galaxia y estas están distribuidas en el espacio de manera relativamente uniforme, entonces las razas alienígenas más cercanas estarían de nosotros a una distancia de unos 500 años luz. No podemos detectar sus señales porque las ondas electromagnéticas todavía no han llegado a la Tierra. Los seres humanos han estado emitiendo ondas radioeléctricas desde hace 100 años, y señales de televisión desde hace unos 70 años. Las estaciones de radio y de televisión y los radares humanos sólo han estado emitiendo señales realmente potentes al espacio durante las últimas décadas. Nuestras señales tampoco han llegado aún a nuestros vecinos cósmicos y ellos también se preguntan si están solos en el espacio. Incluso si estuvieran tecnológicamente 400 años por delante de nosotros, sus señales aún no hubieran tenido tiempo de llegar a la Tierra.

Viajando al 10 por ciento de la velocidad de la luz, lo que todavía no es viable para la tecnología humana, su sonda no tripulada llegaría a la Tierra al cabo de 5000 años. El problema no es sólo la velocidad de la nave espacial. Los seres humanos aún no son capaces de fabricar una máquina sofisticada que funcione de forma continua y adecuada durante 5000 años. El viaje espacial por encima de la velocidad de la luz, inclusive cerca de la misma, está prohibido para los habitantes de la Universo.

Frank Drake y Carl Sagan estimaron que tal vez podría haber un millón de civilizaciones inteligentes en la galaxia de la Vía Láctea.

Si el número de razas inteligentes es de aproximadamente 1 millón, entonces estarían mucho más cerca, entre 50 y 100 años luz, las unas de las otras. En este caso, a nosotros nos resultaría más fácil, detectar las señales extraterrestres. Las señales electromagnéticas no serían tan débiles, y las civilizaciones podrían ser tan joven como nuestra civilización para que su radiación electromagnética llegase a la Tierra.

Si el número de razas alienígenas de la Galaxia sólo es de unos 100, entonces ellas estarían separadas por distancias mucho mayores, de entre 1000 y 2000 años luz. En este caso, sería mucho más difícil recibir señales alienígenas y visitarse unos a otros.

Por supuesto, el tiempo de la colonización de la Galaxia, el número de civilizaciones, y la diferencia de edad de las civilizaciones cósmicas pueden variar, pero siguiendo este método, podemos establecer un aspecto importante de la paradoja de Fermi. Es imposible conseguir una galaxia llena de civilizaciones, la mayoría de las cuales aún no han tenido contacto con o pruebas de la existencia de otras inteligencias cósmicas, si la diferencia de edad entre las civilizaciones es demasiado grande.

Las estimaciones se basan en la previsión muy conservadora, de que la *Zona de Habitabilidad Galáctica* (GHZ) oscila entre 26,000 y 28,000 años luz del centro galáctico, y que su espesor es de 1000 años luz. Algunos investigadores estiman que el tamaño de la GHZ está entre 23.000 y 30.000 años luz, lo que significa que las distancias entre las civilizaciones son mayores.

Los investigadores normalmente postulan grandes diferencias de edad entre las razas cósmicas, de millones, cientos de millones, o incluso miles de millones de años, teniendo en cuenta que el Universo se originó hace unos 13.7 mil millones de años y asumiendo que las criaturas inteligentes están surgiendo a un ritmo constante. Pero esa noción choca contra un muro llamado la paradoja de Fermi.

Al hacer estas estimaciones, estoy descontando la hipótesis de que no existe el Universo fuera del Sistema Solar, y que sólo vemos una simulación sofisticada. Por el bien de los cálculos, el Universo es más o menos lo que observamos y lo que pensamos que es. La realidad puede ser muy diferente del paradigma científico actual. En cualquier caso, la actual concepción científica semi-realista es un paso inevitable en el desarrollo de las civilizaciones.

Fermi debería haber exclamado: "¿Dónde están todas las civilizaciones extraterrestres mucho más antiguas?" En vez de "¿Dónde está todo el mundo?"

Todo el mundo está ahí fuera. Pero todavía no pueden venir a la Tierra, al igual que nosotros no podemos acudir a ellos.

EXPLORACIÓN Y COLONIZACIÓN

La exploración y colonización de la Galaxia puede proceder en tres oleadas principales:

La primera oleada consistiría en el reconocimiento y la exploración del Universo a través de instrumentos astronómicos. Las sondas robóticas y las naves espaciales tripuladas vagan por la el sistema estelar local. Las civilizaciones se van descubriendo unas a otras.

La segunda oleada se basa en una tecnología más avanzada. Máquinas superiores construyen en el espacio, en satélites y en objetos espaciales no tripulados centrales eléctricas, estaciones de servicio y de mantenimiento, puertos espaciales, infraestructura, fábricas robotizadas capaces de fabricar prácticamente cualquier cosa, dentro de la capacidad tecnológica de una determinada inteligencia, etc. Las máquinas superiores son extensiones de las criaturas biológicas. Son sus cerebros, sus manos, sus ojos, sus oídos y sus piernas en los mundos lejanos. El máquinas superiores son "nosotros" allí fuera.

Las civilizaciones crean, paso a paso, una red de cadenas espaciales y empiezan a intercambiar información a escala masiva. Esto es principalmente una oleada tecnológica.

La tercera oleada consistiría en la colonización tripulada del espacio y los viaje interestelares masivos de máquinas y criaturas. En ese nivel de desarrollo, "criatura" es una definición poco sólida, puesto que la fusión de la biología con la electrónica, la mecánica, los plásticos, nanobots, etc., será muy común.

La expansión espacial de las civilizaciones va a proceder en dos esferas principales para cada inteligencia cósmica. La esfera interior, que es mucho más pequeña, contiene las criaturas biológicos. La exterior es mucho más grande y es la esfera de las sondas espaciales con máquinas superiores.

En la mayoría de los casos, el primer contacto físico de las civilizaciones cósmicas ocurrirá en las esfera exteriores de exploración y colonización, que están saturadas de máquinas. Sólo ocasionalmente habrá allí criaturas vivas.

Los primeros enfrentamientos tendrán lugar entre las oleadas externas, es decir entre las máquinas superiores de las civilizaciones.

La colonización tecnológica de toda la Galaxia en realidad podría proceder muy rápidamente, en sólo diez mil años, debido a que las especies colonizadoras se pondrán en contacto y se encuentran con las naves espaciales, sondas, máquinas superiores y criaturas de otras civilizaciones, y crearán de una red galáctica enorme, tal y como el Internet contemporáneo conecta toda la Tierra. No importa en el país que viva, usted tiene acceso a todo el globo. La aldea global se convertirá en un pueblo galáctico.

El hombre moderno y la sociedad humana aparecieron hace unos 20.000 años. La civilización humana primitiva comenzó con la domesticación de plantas y de animales, se construyeron viviendas de tipo cabaña, cabañas de dos pisos, se crearon las artes, la ropa de bonitos colores, los hogares confortables, la cerámica, la piedra, recipientes y utensilios de cocina de madera y hueso, la comida casera, las joyas, instrumentos musicales, se cantaron canciones, se emprendieron viajes extensos y de larga distancia, se desarrolló el comercio, se construyeron barcos de larga distancia, se colonizó América, etc.

Duró 20.000 años para que la humanidad evolucionara de los asentamientos de cabañas a la aldea global. Durará otros 10.000 años para dar el paso de la aldea global a la aldea galáctica. Los seres humanos no tienen por qué llegar a las regiones más remotas de la galaxia de la Vía Láctea en persona. Miles de civilizaciones cósmicas están construyendo sus sociedades avanzadas y están explorando su vecindario espacial, y nosotros nos conectaremos a sus redes de comunicaciones espaciales, y tendremos acceso a conocimientos extraordinarios y a tecnologías.

Las civilizaciones cósmicas competirán ferozmente, pero también van a colaborar.

La red galáctica comienza como pequeños grupos de unas pocas civilizaciones conectadas. Las civilizaciones se intercambian una gran cantidad de información a través de la red galáctica y las razas inferiores se pondrán al día con respecto a la tecnología. Por supuesto, siempre habrá civilizaciones principales, pero una cierta compensación es inevitable.

Mediante el uso de algún tipo de portales espaciales artificiales o de portales estelares, las civilizaciones podrían viajar a través de la Galaxia en cuestión de horas. Sin embargo, este sistema de transporte debería construirse y suministrarse por toda la galaxia. Esto llevará miles de años.

Viable o no, habría una avalancha enorme de la tecnología para viajar más rápido que la luz, porque si resultara posible, esto determinaría la vida de las generaciones futuras en nuestro Universo. Tanto si una raza cósmica lo descubrió o lo utilizó de otra civilización, este sería uno de los pasos más importantes en el desarrollo de la inteligencia. Las civilizaciones que no logran dar este paso fundamental se desprenderían de la historia del Universo, primero en sentido figurado, y después literalmente. Por lo tanto, la carrera hacia la tecnología para viajar más rápido que la luz es inminente. Las civilizaciones cósmicas van a colonizar nuestra

Galaxia entre el 10 y el 30 por ciento de la velocidad de la luz.

La Galaxia es un lugar enorme. Incluso si una súper civilización descubre un sistema de propulsión más rápido que la luz, y logran viajar al doble de la velocidad de la luz, viajar desde una punta de la Galaxia a la otra, les llevaría 60.000 años.

La colonización de la Galaxia será un trabajo colectivo, no el esfuerzo de una sola o de unas pocas civilizaciones. Todas las razas cósmicas fusionarán sus espacios colonizados tecnológicamente y aumentarán la *Zona de Inteligencia Galáctica*, que irá creciendo a lo largo de los siglos, y se desbordará sobre los bordes de la *Zona de Habitabilidad Galáctica* y de la propia Galaxia.

VENTANA DE OPORTUNIDAD

En 1987, R. Cann, Stoneking M. y A. Wilson publicaron el artículo *Mitochondrial DNA and Human Evolution* en la revista *Nature*, relatando el descubrimiento del ancestro matriarcal común de todos los seres humanos. Su teoría se basa en el uso del ADN de la mitocondria para rastrear toda la diversidad genética humana hacia una mujer, de ahí el nombre de "Eva mitocondrial". Ella se originó en África hace unos 200.000 años.

La Eva mitocondrial, el punto de aparición del hombre moderno en la Tierra, es un evento único en la evolución.

¿Por qué los animales, que también son candidatos adecuados a convertirse en especies inteligentes, no hacen esto? Este es uno de los mayores misterios de la evolución biológica. Según la teoría de Darwin, las especies inferiores deberían evolucionar constantemente a seres inteligentes. Pero después de la aparición del *Homo* es como si la evolución dejase de producir otras especies inteligentes. ¿Por qué no hay más especies inteligentes en la Tierra?

No hay aún ningún candidato para convertirse en sapiente. ¿Por qué no?

Las condiciones ambientales fueron y siguen siendo adecuadas y hay suficientes especies animales apropiadas para ello, como simios, monos, delfines y otros. Hay una tendencia en el registro fósil que indica que los animales tienden a ser más inteligentes. La complejidad del sistema nervioso central y la encefalización ha aumentado constantemente en el curso de la evolución de nuestro planeta.

Por tanto, ¿que es lo que está mal en los animales o con la teoría de la evolución?, o ¿hay un factor desconocido (o factores) que influyen en el desarrollo de las especies y de la inteligencia?

La historia natural de la Tierra indica que hay ventanas de oportunidad que ofrecen a las diferentes fases de la evolución de la vida su inicio. Después de que la nueva especie haya surgido, la ventana se cierra y las criaturas recién aparecidas están sujetas a la selección natural, hasta el siguiente salto cuántico. La evolución no parece avanzar sin problemas, sino que tiene grandes saltos del complejidad en períodos de tiempo muy cortos, el ejemplo más famoso es la explosión cámbrica.

La teoría de equilibrio puntuado dice que las especies evolucionan lentamente durante largos períodos de tiempo y, a continuación, bajo estrés o algunos otros factores (aún desconocidos), evolucionan muy rápidamente, casi de forma instantánea, geológicamente hablando.

La vida en la Tierra tiene una muy larga historia evolutiva, muy anterior al origen de nuestro Universo local. Es por eso que la vida en nuestro planeta parece tan increíblemente exitosa y mucho más allá de lo que una evolución gobernada por eventos fortuitos puede ofrecer. La vida apareció en la Tierra tan pronto como el medio ambiente se había convertido en algo suficientemente estable como para que eso fuera posible.

Después de la muerte de nuestro Universo, se iniciará uno nuevo y nuestra historia evolutiva, junto con las anteriores, será un modelo para una nueva vida e inteligencia.

En general, el pasado de las evoluciones anteriores es nuestro presente y nuestro futuro.

Los 26 *phyla*, estos son las clases de organismos que tienen el mismo plan corporal, surgieron en nuestro planeta casi simultáneamente al comienzo del período Cámbrico. Esto no puede ocurrir sin una experiencia previa evolutiva, almacenada en alguna parte. Todos los planos estructurales de todas las diferentes especies aparecieron de repente (en términos geológicos) y al mismo tiempo, y desde entonces no han ocurrido cambios esenciales, y nunca se han añadido tipos nuevos, no hay formas de transición. Esto no es compatible con el darwinismo, neodarwinismo, o cualquier teoría de la evolución basada en la selección natural.

La rápida aparición de fósiles en los "estratos primordiales" fue observada por los científicos del siglo 19. Charles Darwin, en su trabajo pionero *Sobre el Origen de las Especies por* Medio de la *Selección Natural* de 1859, lo vio como una de las principales objeciones que podrían plantearse en contra de su teoría de la evolución por selección natural.

Pero, ¿cuál sería el beneficio evolutivo de tales ventanas de oportunidades para la Naturaleza?

La vida biológica y toda la historia de la humanidad en la Tierra es en realidad una historia de dura competencia y de lucha por la supervivencia: entre el hombre de *Cro-Magnon* y los Neandertales, entre células, estados, empresas, especies, religiones, idiomas, personas ... Nada ni nadie puede escapar de ella.

Homo sapiens no ha tenido especies rivales desde la extinción de los neandertales (¿los han mantenido en reserva para servir de sustitutos en caso de que el hombre de *Cro-Magnon* no lo lograse?). Ahora los seres humanos están compitiendo entre sí, divididos en muchas variedades de grupos competitivos: equipos deportivos, clanes familiares, los sexos, partidos políticos, países, movimientos sociales, las religiones, las alianzas militares, movimientos artísticos, etc.

El nivel de la competencia de grupos va en aumento. En los primeros tiempos del ser humano, existía entre las tribus, ahora existe entre los estados, mañana se extenderá hacia el espacio, entre las civilizaciones de nuestra Galaxia.

La idea de un desarrollo rápido y la *fitness* son fundamentales para la biología evolutiva. La dura competencia entre las civilizaciones en el Universo es uno de los principales factores que garantizan numerosos descendientes cósmicos de alta calidad en el período de tiempo más corto posible.

La civilizaciones cósmicas sólo pueden competir con éxito si están aproximadamente al mismo nivel de desarrollo. El medio para el éxito es la competencia (y cooperación) entre iguales. Diferencias demasiado grandes en los niveles de desarrollo significa la destrucción de las civilizaciones de emergencia tardía.

Por lo tanto, hay una ventana de oportunidad relativamente limitada para el comienzo de la inteligencia en el Universo, y las civilizaciones cósmicas surgieron casi al mismo tiempo, con el fin de proporcionar diversidad, calidad y cantidad de especies inteligentes. La naturaleza no tolera perdedores.

CAPÍTULO 4

MICROBIOS EXTRATERRESTRES

¡Cuántos valerosos hombres, cuántas hermosas mujeres, cuántos jóvenes gallardos a quienes no otros que Galeno, Hipócrates o Esculapio hubiesen juzgado sanísimos, desayunaron con sus parientes, compañeros y amigos, y llegada la tarde cenaron con sus antepasados en el otro mundo!
—Giovanni Boccaccio en *El Decamerón* sobre la peste calificada como muerte negra

Formas de vida extraterrestre, que se extienden por el espacio mediante sondas robóticas o naves espaciales con tripulación extraterrestre, son nociones muy apreciadas en las obras de ciencia ficción, la literatura de divulgación científica, e incluso en un número creciente de trabajos académicos.

Según una hipótesis de Thomas Gold, de la Universidad de Cornell, publicada en el artículo *Cosmic Garbage (Air Force and Space Digest Magazine)*, en mayo de 1960, la vida en la Tierra debió comenzar como resultado de una contaminación biológica accidental por visitantes de otro planeta. Se formó la idea de un *piknik* de algunos viajeros extraterrestres. Los alienígenas dejaron caer unas migajas de comida, que contienen microorganismos extraterrestres, lo que dio inicio a la flora y fauna terrestre.

Francis Crick, codescubridor de la estructura del ADN, propone una panspermia dirigida: la dispersión de organismos unicelulares por toda la Galaxia. En 1973, Crick y Leslie Orgel escribieron el artículo *Directed Panspermia*, publicado en Icarus, número 19. Ellos presentaron la hipótesis de que la vida fue exportada a la Tierra con procedencia extraterrestre, como un acto deliberado de una civilización extraterrestre. Los autores del artículo reivindican "que en otro lugar de la Galaxia ya existieron sociedades tecnológicas, *incluso antes de la formación de la Tierra.*" Los microorganismos fueron suministrados a nuestro planeta en naves espaciales tripuladas, diseñadas con la protección adecuada para mantenerlos vivos durante el largo viaje. Crick y Orgel proponen a los científicos humanos en sus artículos, la construcción de una nave espacial, que pudiera transportar grandes muestras de microorganismos. Una carga útil de 1.000 kg podría llevar 10 muestras, cada uno de 1.016 microorganismos, o 100 muestras de 1.015 microorganismos ", así que podríamos infectar la mayoría de los planetas de la Galaxia..."

Iosif Shklovskii y Carl Sagan sugieren en su libro *Vida inteligente en el Universo*, en 1966, que la vida en la Tierra pudo haber sido sembrada deliberadamente por otras civilizaciones.

Según el profesor Michael Mautner en la Universidad Virginia Commonwealth, sería nuestra obligación moral, sembrar el Universo con vida terrestre. En 1995, fundó la Sociedad de Panspermia Interestelar (Interstellar Panspermia Society), cuyos objetivos son los siguientes:. "Para propagar nuestra familia de vida orgánica por toda la Galaxia de la Vía Láctea y más allá. Proponemos sembrar jóvenes sistemas planetarios en las nubes interestelares de formación estelar. Vamos a diseñar y poner en marcha misiones dirigidas de panspermia que transporten los representantes de la vida microbiana en el año 2050 ".

La carga microbiana se enviará al espacio profundo mediante naves espaciales, asteroides y cometas.

Planean enviar directamente por todo el espacio, grandes cantidades de pequeñas cápsulas, llenas de microorganismos, agrupadas en contenedores blindados.

Los defensores de la Panspermia sugieren la siembra de cometas con microorganismos terrestres y expulsarlos al espacio interestelar hacia otros sistemas estelares, con el fin de infestarlos. Durante el perihelio se producirá un derretimiento natural y los microorganismos se multiplicarán, entonces el cometa se estrellará contra la superficie de los planetas y satélites locales y los infestará con microorganismos terrestres.

En su artículo *Extraterrestrial Intelligent Beings do not Exist,* publicado, en septiembre de 1980, en la revista trimestral de la *Royal Astronomical Society*, volumen 21, pág. 267-281, el profesor Frank Tipler, del Departamento de Matemáticas de la Universidad de California en Berkeley, divulgó la idea de sondas espaciales que llevan úteros artificiales en los que se colocan células humanas fertilizadas, y cuyos bebés serían criados por robots como sustitutos de los padres. Él va aún más allá: "... la información necesaria para sintetizar un óvulo gravaría el espacio de almacenamiento en memoria de la sonda espacial original, la información podría ser transmitida a través de microondas a la *Máquina de Von Neumann*, una vez que esta haya tenido tiempo para construir capacidad de almacenamiento adicional en el otro sistema solar ".

Por lo general, la planificación es más divertida que el viaje en sí. El plan general es así. Las sondas de Von Neumann aterrizan después de un viaje al espacio profundo de muchos, muchos años, digamos unos 200.000 años, (no millones de años, para ser modestos), en planetas y satélites alienígenas y comienzan a replicarse a sí mismos, utilizando materiales locales.

Luego, utilizando el código del ADN, que se almacena en la memoria de la máquina o fue enviado mediante ondas radioeléctricas desde la Tierra hace 20.000 años, y la tecnología de la matriz artificial (que también se auto-replicó), la inteligencia artificial de la sonda va a crear nueves seres humanos a partir de la tierra local, que serán criados por robots auto-replicados. El nuevo espacio de la sociedad prospera. ¡Aleluya! Todo este espectáculo de fenómenos se produce sin ser visto por los seres inteligentes en algún lugar en el espacio lejano.

Paul S. Wesson, investigador visitante en el Instituto Herzberg de Astrofísica en Canadá sugiere la necropanspermia, enviando miles de millones de pequeñas sondas espaciales, de las que cada una contiene 100 mil bacterias liofilizadas, a otros mundos habitables o a cometas y asteroides que eventualmente terminan en la superficie de planetas. El material orgánico dañado por los rayos cósmicos y la luz ultravioleta podría ser resucitado en el entorno de los nuevos mundos hospitalarios. La vida local debe incorporar el material genético extraterrestre y producir nuevas formas de vida.

Aquí tengo una pregunta. ¿Cómo reaccionarán las demás civilizaciones, cuando descubran que los científicos de la Tierra están enviando microorganismos locales, naturales y artificiales, vía meteoritos, asteroides, cometas, envases, cápsulas, naves espaciales, etc., a sus sistemas estelares, infestando sus planetas y satélites con biota alienígena? ¿Cuál sería su respuesta a las sondas robóticas, que empiezan a reproducir flora terrestre, fauna y seres humanos en todos los posibles cuerpos espaciales de toda la Galaxia? ¿Van a cantar canciones de alabanza o van a enviar naves espaciales militares para destruir la vida alienígena infestante y el planeta con las criaturas haciendo bromas?

Estoy bastante seguro de que, en algunos casos, sus reacciones serán muy hostiles.

PROFESORES ALIENÍGENAS CHIFLADOS

Estas propuestas, hechas por científicos (supuestamente expertos en ciencia, Francis Crick y James Watson son premios Nobel) puede verse como una manera perfecta para colonizar la Galaxia, pero ¿qué pasaría si comenzaran a llegar al Sistema Solar y a la Tierra sondas extraterrestres con todo tipo de robots alienígenas, úteros artificiales, necrotechnología, virus, bacterias, óvulos, nanobots casi vivos, microorganismos genéticamente modificados, y otros, y todos empiezan a reproducirse, a fabricar grandes cantidades de basura genética, organismos naturales y artificiales, criaturas sapientes (sanas, chifladas, o monstruos), robots, máquinas?

Imagine la pesadilla de un flujo constante de ADN alienígena auto-replicante, máquinas de reproducción y úteros artificiales, produciendo una legión de criaturas extraterrestres, siguiendo los planes geniales de algunos profesores no terrestres.

Nosotros no tenemos la oportunidad de preguntar a los profesores extraterrestres en lo que ellos estaban pensando. ¿Tendrán ellos una idea de lo que podría suceder a los humanos si se cumplen sus grandes planes ingeniosos? ¿Una catástrofe total para la vida y todos los seres humanos? ¿O una especie de súper éxito?

En muchos casos, estos dispositivos robóticos, inteligencias artificiales, y organismos extraterrestres sintetizados recientemente, que van viajando por el espacio, no funcionan correctamente a pesar de las intenciones de sus autores, y no representan un peligro significativo para la civilización humana.

Por otro lado, muchos de ellos podrían funcionar perfectamente, de acuerdo con los planes militares o chiflados de sus amos alienígenas.

Los medios tecnológicos para tal "siembra controlada" con microorganismos terrestres de la vida y la de inteligencia (que fácilmente podrían salirse de control) son relativamente simples.

En *La Guerra de los Mundos* de HG Wells, los invasores marcianos se extinguieron, porque no podían resistir a los gérmenes de la Tierra. ¿Pero podemos resistir nosotros a microorganismos extraterrestres, a gérmenes artificiales, a nanomáquinas casi vivas o a la microfauna y microflora alienígena común que normalmente habita en las naves espaciales y en los cuerpos de los seres inteligentes extraterrestres?

En 1995, el secretario de Salud británico dijo que no habría ningún riesgo concebible de transmisión de la EEB (*encefalopatía espongiforme bovina*) de vacas a personas. Y sabemos los resultados: personas fallecidas de la enfermedad de Creutzfeldt-Jakob (también denominada como enfermedad de las vacas locas) y enormes pérdidas para la economía británica. Ambas especies, humanos y vacas, han estado conviviendo desde hace miles de años. Los animales domésticos parecen inofensivos para nosotros, pero a veces no lo son, incluso después de tantos años de convivencia. ¿Qué pasa con las criaturas alienígenas?

Enfermedades transmisibles de los animales al hombre en condiciones naturales se llaman zoonosis, de zo (animal) + nosos (enfermedad). Se conocen más de 150 enfermedades de este tipo: la rabia, la brucelosis, la peste, la fiebre amarilla, la malaria, la salmonelosis, la leptospirosis, el virus mortal del herpes B, la triquinosis, la encefalitis, el ántrax, la estafilococosis, la estreptococosis, la tuberculosis, etc.

También el SIDA (Síndrome de Inmunodeficiencia Adquirida) parece haber sido transmitido de animales (monos) a los seres humanos.

En su informe de 2009, la Organización Mundial de la Salud estima que en todo el mundo hay entre 31 y 36 millones de personas que viven con el VIH / SIDA, entre 2,4 y 3 millones de nuevas infecciones de VIH por año, y 2 millones de muertes anuales a causa del SIDA.

En todo el mundo se han infectado unos 60 millones de personas desde el inicio de la pandemia, con unos 30 millones de muertes.

Algunos futuros políticos, académicos, aficionados de alienígenas, o comités podrían emitir declaraciones públicas de que es perfectamente seguro encontrarnos con nuestros hermanos cósmicos, porque no son una amenaza para las personas. ¿Debemos confiar en ellos? Sí, si somos entusiastas ingenuos. Las civilizaciones extraterrestres están entre los riesgos existenciales para los seres humanos. Por otro lado, las personas son un riesgo existencial para las especies de flora y fauna en la Tierra. Cuando la humanidad se desarrolle lo suficiente y comience a viajar por el espacio, será uno de los riesgos existenciales para la vida y la inteligencia no terrestre.

ALIENOSIS

Nuestro cuerpo y nuestro medio ambiente están llenos de microorganismos. Es normal esperar que los cuerpos de todos los seres alienígenas vivos también están llenas de microbios (un grupo diverso de formas de vida simples y muy pequeñas, que incluyen bacterias y virus) que son inofensivos para sus huéspedes, pero algunos serán mortales para nosotros. Las alienosis (exonosis) son enfermedades transmisibles de organismos extraterrestres a los seres humanos en condiciones naturales, de seres extraterrestres inteligentes, de animales, plantas, de seres casi-vivos, o de formas de vida que aún se desconocen. Serán objeto de la medicina del futuro próximo, poco después de los primeros contactos con las criaturas extraterrestres.

La flora normal son microbios que viven sobre el cuerpo de los seres humanos y dentro de el. Por lo general, no hay efectos perjudiciales para nosotros, sus anfitriones. A veces se dice de forma un tanto simple, que dentro de usted hay más de "ellos" que de "usted". Muchos miles de millones de microbios viven sin causar daños en la piel y en el intestino. Los inspiramos y los expiramos. Cantidades de bacterias aerobias y anaerobias residen en ciertas regiones anatómicas humanas: en el intestino grueso hay aproximadamente 100 mil millones de microorganismos por gramo de materia fecal, en la boca, aproximadamente mil millones de microorganismos por ml. de la saliva, en la nariz, alrededor de 20.000 microorganismos por ml. de baño nasal, en la piel humana, aproximadamente entre 100.000 y 1 millón de microorganismos por cm^2, dependiendo de la superficie de piel analizada. Después de la pubertad, la vagina es colonizada por *Lactobacillus aerophilus*. Uno o varios virus herpes infectan a casi el 100% de la población adulta.

Los seres humanos son animales simbióticos. Más de 400 especies distintas de microorganismos habitan las diferentes regiones del tracto digestivo humano, lo que representa casi 2 kg (aproximadamente cuatro libras) del peso corporal total de cada individuo. Esta vasta población de microorganismos supera con creces el número de células de los tejidos que componen el cuerpo humano. Tenemos cerca de 10^{13} de células en nuestros cuerpos y 10^{14} microbios.

La flora normal ocupa casi todos los nichos ecológicos disponibles en el cuerpo humano, y produce defensinas, bacteriocinas, proteínas catiónicas, y lactoferrina, que están actuando para destruir otras bacterias que compiten por su lugar en el cuerpo. Si este ecosistema está funcionando correctamente, protege al cuerpo contra bacterias, levaduras y virus. También estimula la función de todo el sistema digestivo y produce vitaminas esenciales, tales como la vitamina K y algunas de las vitaminas del grupo B, y regula sus niveles, manteniendo el vital equilibrio químico y hormonal del cuerpo. Los socios microbianos del ser humano deben estar en buena forma física al igual que los propios humanos.

Los investigadores han detectado retrovirus en el genoma de todos los mamíferos que se han examinado. Los retrovirus pasan la mayor parte de su tiempo durmiendo. Sólo están presentes como segmentos adicionales, insertados aquí y allá en el ADN. Los seres humanos están albergando a más de un millar de retrovirus, a muchos de los cuales los hemos llevado con nosotros durante más de 30 millones de años. En la placenta y en los tejidos fetales, un selecto puñado de retrovirus se despierta, y da a las células la orden de producir proteínas y ensamblarlos en retrovirus. La placenta y el feto de una mujer embarazada sana también están llenos de virus. Esto forma parte de lo normal de cada embarazo. Estos retrovirus endógenos están realmente codificados en el ADN de todos los mamíferos.

No es posible, esterilizar el cuerpo humano por completo, porque después de algo así, éste no tardaría en morir. Algunos de estos microorganismos participan en los procesos biológicos vitales, otros mantienen nuestro sistema inmune.

Los alienígenas de origen biológico y los astronautas humanos sufrirían un choque microbiano al regresar a su planeta de origen después de haberse adaptado a un menor número de microorganismos en la nave espacial, y van a responder negativamente a un nuevo contacto con microbios, potencialmente patógenos, de su entorno local, que estuvieron ausentes durante el vuelo espacial. Los viajeros espaciales tienen que mantener su inmunocompetencia llevando en las cabinas de las naves espaciales microorganismos nativos de su entorno familiar.

La inclusión de plantas, animales y biorreactores en las instalaciones de las naves espaciales (humanas o alienígenas) a fin de proporcionar los requisitos para el mantenimiento de la vida, aumentaría considerablemente el número de microorganismos. Hay muchos millones de bacterias por gramo de peso en seco de raíces de plantas. Los hongos son importantes para el horneado del pan y la fermentación de vinos, cervezas y vinagres. Muchas medicinas se producen con la ayuda de bacterias y hongos, sobre todo, los antibióticos, como la penicilina, la estreptomicina, tetraciclina, etc.

La falta de detección de microorganismos extraterrestres o alienosis (enfermedades transmisibles de criaturas alienígenas a personas) en la Tierra es un fuerte argumento en contra de las visitas extraterrestres por criaturas alienígenas de origen biológico.

Cada año se informa de cientos de miles de avistamientos de OVNIS, abducciones de personas por las tripulaciones alienígenas, exámenes médicos de humanos en naves espaciales no terrestres, de relaciones sexuales con alienígenas, accidentes, autopsias de cadáveres extraterrestres, y otros contactos con seres extraterrestres.

Hay muchos informes de todo el mundo que describen como hombres y mujeres han sido llevados a bordo de platillos volantes y han tenido relaciones sexuales con varias razas alienígenas, incluso han llegado a nacer bebés cósmicos. Los microbios se transmiten a través de la transferencia directa de los fluidos corporales, como la sangre y los productos sanguíneos, el semen y otras secreciones genitales de persona a persona, ya que pueden entrar en el cuerpo a través de la mucosa vaginal, el pene, el recto o la boca. Los microbios también pueden ser transmitidos a través de la placenta.

Cada día se recogen millones de muestras de sangre, tejidos humanos, saliva, orina, heces, etc., y se envían a los laboratorios para su análisis. Ni un solo investigador, médico o técnico de laboratorio han informado una sola vez de microorganismos alienígenas o alienosis.

Hay rumores persistentes de que entre los escombros del supuesto OVNI que se estrelló cerca de Roswell, fueron hallados los cadáveres de astronautas extraterrestres. En 1947, el coronel Philip J. Corso afirma haber visto el cadáver de un extraterrestre muerto en una caja de madera, que era supuestamente una de las criaturas que habían muerto en el accidente. Grady "Barney" Barnett, un ingeniero del gobierno, dijo a sus amigos y su a hijo que él era uno de los primeros en llegar al lugar del accidente. Él vio un objeto en forma de disco y los cadáveres de los extraterrestres. El doctor Weisberg, profesor de física de la universidad, dijo que había examinado el disco. Según él, el interior estaba muy dañado y había seis ocupantes, la autopsia de uno de ellos reveló que se parecían a los humanos.

Tanto el personal de rescate, como el personal médico y militar informaron de cadáveres alienígenas muertos en Roswell, y en otros sitios del accidente. A muchos de los cadáveres extraterrestres se les había realizado la autopsia. Los testigos afirman que vieron en una base subterránea una habitación llena de botes en los que se almacenaban los cuerpos de alienígenas muertos. También se ha informado de tumbas de seres extraterrestres. Según el investigador Leonard Stringfield, los EE.UU. han recuperado un total de más de una treintena de cuerpos de naves espaciales extraterrestres estrelladas. El ufólogo Timothy G.

Beckley supone que se han podido estrellar unas 110 naves espaciales extraterrestres en todo el mundo.

Desde 1995, cientos de televisiones de todo el mundo han emitido una película sobre la autopsia extraterrestre. Ray Santilli, un productor de cine con sede en Londres, afirma habérsela comprado a un camarógrafo que había tomado las imágenes en 1947 en el lugar del accidente, cerca de Roswell.

Hay docenas de informes de autopsias en cadáveres alienígenas recuperados en distintos sitios del accidente.

Glenn Dennis había sido el agente funerario de Roswell en 1947. Según él, había visto restos del platillo volante estrellado y había sido informado por un amigo sobre los cadáveres de extraterrestres más bien pequeños. En la noche que se recuperaron los cuerpos de los extraterrestres entró por "equivocación" en el Hospital Militar de Roswell. Un oficial desagradable se encaró con él, y Dennis fue advertido de que si alguna vez le contaba a alguien del accidente o de los cuerpos de los extraterrestres, "ellos vendrían a recoger sus huesos de la arena."

Hay entrevistas con varios médicos que realizaron las autopsias de cuerpos extraterrestres.

Jamie Shandera, cineasta documentalista y ufólogo, afirma que recibió un paquete de forma anónima, que contenía dos rollos de película de 35 mm sin revelar. Él reveló la película, que parecía ser parte de un documento informativo para el recién elegido presidente Dwight D. Eisenhower, que describe los detalles del accidente del platillo volador de Roswell. De acuerdo con esta filmación, había cuatro cadáveres de extraterrestres entre los escombros de la nave espacial extraterrestre estrellada. Éstos habían sido mutilados por los carroñeros del desierto y estaban muy descompuestos debido a la exposición a los elementos.

Esta descomposición de cadáveres de extraterrestres en los lugares del accidente, su sangre, su orina, sus heces, su saliva, etc., son sin duda fuentes de contaminación extraterrestre. También los astronautas no terrestres sanos son peligrosos. Podrían causar alienosis mortales. Las autopsias y la conservación de cuerpos de extraterrestres después de la Segunda Guerra Mundial, no eran lo suficientemente seguros para los estándares modernos, y la contaminación con microorganismos extraterrestres era inevitable. En cualquier nave espacial extraterrestre tripulada debe haber comida, depósitos con muestras de tejidos y microbios, medicinas, bebidas, aire respirable, plantas, equipos, todo tipo de suministros, etc., que todas ellas son fuentes de contaminación microbiana.

Los gobiernos de la Tierra podrían ocultar los cadáveres de extraterrestres, pero no están en condiciones de ocultar los microorganismos que nos han dejado los visitantes extraterrestres. Es simplemente imposible. Ningún gobierno (oficial, enigmático, secreto, mítico, místico, o lo que sea), organización o individuo en nuestro planeta dispone de la tecnología para hacerlo.

¿Dónde están todos los microbios que nos han dejado los supuestos extraterrestres? Es altamente improbable que la microfauna extraterrestre sea idéntica a la de la Tierra. Sólo una bacteria o un virus sobreviviente podría multiplicarse en miles de millones en poquísimo tiempo. Hay muchos miles de millones de microbios en un solo cuerpo (vivo o muerto).

¿Qué podría ser peor para los viajeros del espacio que una ruptura catastrófica en sus trajes espaciales de protección de alta tecnología, que proporcionan el flujo vital de aire respirable y la protección contra los microbios alienígenas? Según numerosos informes de encuentros con extraterrestres, los humanos estaban en estrecho contacto con los astronautas extraterrestres que conforme a las descripciones respiraban aire terrestre, bebían agua, comían alimentos humanos, y así sucesivamente, y la mayoría de ellos ni siquiera llevaban trajes y cascos de protección adecuados, sino sólo unos trajes de fantasía ceñidos, trajes plateados, trajes de esquí, trajes amarillos de aluminio brillantes, trajes de buceo, overols, incluso uniformes militares nazis. Algunos extraterrestres estaban vestidos como seres humanos o con algún tipo de trajes espaciales ridículos, pero muchos de ellos en realidad estaban desnudos durante los contactos.

Según los informes, millones de seres humanos entraron en naves extraterrestres y ninguno de ellos llevaba traje de protección. La contaminación con gérmenes es igualmente peligrosa para los seres humanos como para los extraterrestres.

Los investigadores aún no han detectado microorganismos extraterrestres en la Tierra, y se puede concluir que no hay visitas tripuladas (ahora y en el pasado) por civilizaciones extraterrestres, o si las hay, son muy limitadas en cuanto a número y actividades, y están bajo un estricto control.

En 1347 se produjo en China un brote de peste bubónica mortal y se extendió por toda Asia y Europa. La plaga afectó principalmente a los roedores, pero las pulgas pueden transmitir la enfermedad también a las personas. Una vez que se han infectado personas, se infectan las demás muy deprisa. Durante cinco años, 25 millones de personas, un tercio de la población europea, habían muerto debido a la muerte Negra. La enfermedad mató a una velocidad terrible. Giovanni Boccaccio, autor de *El Decamerón*, dijo que las víctimas en muchos casos tomaron el almuerzo con sus amigos y la cena con sus antepasados, en el otro mundo.

Alrededor del 50 por ciento de los habitantes nativos de las islas de la Polinesia y de Hawai murieron a consecuencia de microbios importados por marinos extranjeros.

Durante la conquista española de México, la viruela y otras enfermedades mataron a millones de americanos nativos, que no tenían resistencia natural a estas infecciones. La viruela mató a tres de cada cuatro indios Hopi y más tarde las epidemias los redujeron a unos pocos cientos. La varicela y el sarampión, que son comunes y rara vez mortales entre los europeos, a menudo fueron mortales para los americanos nativos.

Cuando los marineros europeos llegaron a la Polinesia, casi el 50% de los habitantes nativos murió a consecuencia de las enfermedades microbianas importadas.

Los 60-70 millones de muertes incurridas en la Segunda Guerra Mundial la convierten en el conflicto militar más sangriento, así como en la guerra más grande de la historia humana. Microorganismos minúsculos pueden ser tan mortales como las guerras a gran escala. La epidemia de la gripe española fue una de las epidemias más devastadoras de la historia humana. Entre 1918 y 1919, murieron entre 20 y 50 millones de personas en todo el mundo a causa de la gripe española.

El efecto de la pandemia fue tan grave que la esperanza media de vida en EE.UU. se redujo en 10 años.

Ahora mismo, la ciencia moderna aún no está en condiciones de detener el SIDA, y la epidemia global es más grande y de mayor alcance que los epidemiólogos creían posible hace una década. Los científicos predicen que en los próximos 20 años, van a morir 70 millones de personas de SIDA.

Y estos son todos los gérmenes domésticos. Una contaminación microbiana extraterrestre podría retrasar el desarrollo humano durante siglos o incluso acabar con todos nosotros.

ESTRATEGIA DE SUPERVIVENCIA

Los seres humanos, al igual que todas las civilizaciones extraterrestres, deberían crear un sistema fiable, basado en el espacio, de vigilancia, inteligencia, reconocimiento, y de adquisición de objetivos, capaces de detectar, poner en cuarentena o destruir cualquier forma de vida alienígena, que pudiera resultar peligrosa para los seres humanos, así como para la flora y fauna terrestre.

El sistema inmunitario humano protege al organismo de los agentes patógenos, de sustancias extrañas, de células malignas e infectadas, destruyéndolos. Debemos crear un sistema de protección similar en el Sistema Solar con el fin de sobrevivir.

Los seres humanos están vivos porque ellos no están aquí: los extraterrestres, sus microbios alienígenas, su flora y su fauna.

Por su propio bien, las civilizaciones cósmicas están separadas por enormes distancias interestelares, pero inevitablemente llegará la fase de los contactos y de la competencia.

Las civilizaciones cósmicas llegarán a encontrarse cuando la mayoría de ellas están en condiciones de sobrevivir tales contactos.

CAPÍTULO 5

MAQUINAS DE VON NEUMANN
VERSUS
MAQUINAS DE POPOFF

El hombre continua siendo el mejor ordenador que podemos instalar abordo de una nave espacial, y el único que puede producirse en masa por mano de obra no calificada.
—Wernher von Braun

En su artículo *Extraterrestrial Intelligent Beings Do Not Exist*, publicado en la revista trimestral de la *Royal Astronomical Society*, en 1981, asume Frank Tipler que las civilizaciones más antiguas o más avanzadas usarían sondas autorreplicantes para explorar, controlar y colonizar la Galaxia en un tiempo muy corto, en comparación con su edad de aproximadamente 13.7 millones de años, y si existen seres inteligentes, sus sondas también ya deberían estar en nuestro planeta. Pero no hay evidencia de naves espaciales robóticas extraterrestres: por tanto, no existen tales seres. El argumento de Tipler es en realidad una versión parcial de la paradoja de Fermi.

MÁQUINAS DE VON NEUMANN

Las naves espaciales robóticas autorreplicantes, denominadas como sondas Von Neumann, según John Von Neumann, quien estableció las leyes matemáticas de los sistemas autorreplicantes, son consideradas un método económico para explorar y colonizar el espacio. La idea es que utilizan materiales locales en cuerpos espaciales extraterrestres para crear numerosas copias exactas de sí mismos, que luego se podrían lanzar a las estrellas más cercanas, donde se repetiría el proceso.

La idea impresionante para la colonización robótica de la Galaxia a través de sondas Von Neumann tiene dos desventajas importantes:

1. Poco después de ponerse en camino hacia el espacio, las sondas autorreplicantes se podrían convertir en obsoletas, porque la ciencia y la tecnología se están desarrollando muy deprisa y las distancias espaciales son enormes. Año tras año las civilizaciones tecnológicas podrían enviar cada vez más sondas al espacio lejano, porque las anteriores ya serían antigüedades obsoletas de uso limitado, si es que siguen teniendo alguno. De acuerdo con sus planes de vuelo, la nave espacial robótica viajaría miles e incluso millones de años. La mayoría de los científicos especulan que los seres humanos podrían colonizar toda nuestra Galaxia, la Vía

Láctea, dentro de uno a cuatro millones de años, aproximadamente.

El problema con la rápida desactualización de las sondas robóticas podría resolverse parcialmente mediante la reprogramación de los replicadores a través de señales radioeléctricas. Los miles de millones que se gastaron en la creación de una red de radio gigante sería dinero perdido porque: primero, semejante método de comunicación y reprogramación es muy lento y muy poco fiable, la señal radioeléctrica que lleva instrucciones sofisticadas tendría que viajar miles de años (unos 120.000 años para cruzar la galaxia de la Vía Láctea) a través de numerosas estaciones repetidoras, y en segundo lugar, muchas de las máquinas autorreplicantes se convertirían en basura inútil o, más importante aún, en peligrosos idiotas, debido a errores de las computadoras o de sus usuarios inteligentes, y a todo tipo de fallos técnicos, errores, virus, fallos de diseño, envejecimiento de materiales, a mutaciones de software y hardware, accidentes inevitables, al ruido electromagnético, a chistes (algunos chicos "inteligentes" tienen un sentido del humor dudoso y repugnante), a actividades hostiles, y así sucesivamente.

Tal vez habría miles de millones de accidentes con este tipo de sondas, a la espera de suceder en el espacio cósmico.

Sólo una parte muy pequeña de tales sondas sería útil.

2. Un sinnúmero de máquinas autorreplicantes de todas las generaciones tecnológicas hechas por numerosas civilizaciones se extenderían como una especie de cáncer tecnológico, devastando casi todo lo que encuentran, autorreplicándose a sí mismos, siguiendo su código.

Carl Sagan y William Newman han argumentado que ninguna civilización se atrevería a construir tales máquinas por miedo a que se les pudieran mutar en monstruos que destruirían la Galaxia entera. Pero la naturaleza no se fía de la ética. En la Tierra se han cometido todas las infracciones posibles, salvo la más extrema: los seres humanos todavía no se han destruido a sí mismos. La uniformidad del universo nos hace esperar que muchas cosas en otros lugares del cosmos serán las mismas que aquí en nuestro planeta, que habrá malhechores y tontos de todo tipo por todo el Universo.

Imagínese lo que pasaría si una sola sonda autorreplicante autónoma aterrizada en algún lugar del Sistema Solar, y siguiendo su programa comenzara a reproducirse en la Luna, en Marte, en miles de asteroides, en los satélites de los planetas... Pronto detectaríamos el lanzamiento de millones y millones de sondas, que aterrizarían en todos los posibles cuerpos espaciales alrededor de la Tierra. Estas máquinas también podrían llegar a nuestro planeta, millones de ellos. Los visitantes a la Tierra no deseados, de alta tecnología, sólo serían una pequeña parte de los innumerables enjambres autorreplicantes que vagan por el Sistema Solar, en busca de materiales locales para utilizarlos. Ellos infestarían todo nuestro sistema estelar local. Pero ¿realmente serían tan sólo unas sondas robóticas inofensivas con inteligencia artificial sofisticada, que dejarían de replicarse y abandonarían el Sistema Solar después de detectar vida e inteligencia? Tal vez algunas tratarían de comunicarse con nosotros y enviar señales a sus creadores. Algunas seguirían replicándose y harían caso omiso de los seres humanos, algunas incluso podrían emprender una guerra contra los intrusos, nosotros. Ellos considerarían el Sistema Solar su territorio de residencia. Estas máquinas no serían malévolas, sólo estarían siguiendo unas simples instrucciones de programa para sobrevivir y replicarse a sí mismas, con consecuencias mortales para nosotros.

Las máquinas de Von Neumann también podrían utilizarse como armas mortales en las guerras o por terroristas en la Tierra o en el espacio. Los berserker robóticos autorreplicantes destruirían todo lo que encontrasen en el espacio enemigo. La gente a menudo se imagina estas máquinas asesinas como unos enormes bastardos de metal chirriando estrepitosamente y lanzando bengalas y proyectiles. En realidad, también pueden ser pequeñas o incluso (casi) invisibles, pero muy peligrosas.

Los seres humanos aún no tienen los recursos para rechazar máquinas autorreplicantes usurpadoras.

MÁQUINAS DE POPOFF

Los problemas esenciales con las sondas de Von Neumann, que son controladas por un ordenador totalmente autónomo, no observado, y producen copias (exactas) de sí mismas, podrían ser resueltos mediante la introducción de las Máquinas de Popoff.

Las Máquinas de Popoff difieren en algunos aspectos importantes de las Máquinas de Von Neumann.

Ellas no tienen unidades de autorreplicantes que fabrican copias exactas de sí mismas, al igual que las Máquinas de Von Neumann.

Las Máquinas de Popoff no disponen de una inteligencia artificial totalmente autónoma.

Están bajo control constante, 24/7/365, a través de una interfaz denominada una matriz.

Las Máquinas de Popoff son siempre de vanguardia y nunca se convertirán en obsoletas.

Las Máquinas de Von Neumann autorreplicantes no están controladas y se convierten rápidamente en obsoletas.

A fin de tener una sonda robótica segura y controlable, el primer componente es una matriz: un software de interfaz personal, estándar que media entre la inteligencia humana y la de la máquina. Este software debe ser estandarizado por las autoridades, con el fin de evitar el abuso y para un mejor control de la inteligencia artificial y de las máquinas. Esto es muy importante, porque a través de la matriz se pueden controlar todas las máquinas superiores, inteligencias artificiales, y los robots que se utilizan en campos vitales como los sistemas de transporte utilizados por los miles de millones de personas, las industrias pesadas, las plantas nucleares, los laboratorios científicos con microorganismos e instrumentos peligrosos, las armas que podrían destruir nuestro mundo, etc.

Los seres humanos van a crear la segunda especie inteligente en nuestro planeta. Será la inteligencia artificial, que debe estar bajo estricto control.

La matriz personal mejora significativamente la capacidad y la productividad de la mente. Acelera el proceso de pensamiento. No hay ninguna limitación de almacenamiento de memoria, sino que proporciona el acceso instantáneo a todo el conocimiento humano, etc. La estructura humano / matriz posee las ventajas, tanto del cerebro humano como de la inteligencia artificial, por lo que la inteligencia de la máquina no podría dominar a la gente, porque a través de la matriz los seres humanos tendrían todas las cualidades de las máquinas y de la inteligencia artificial. De esa manera, las máquinas no podrían ser más listas que la raza humana, una de las principales preocupaciones de académicos, futuristas, escritores, etc.

Se podría hacer que las matrices fueran una parte integral del cerebro humano a través del implante de un microchip o con un biocomputador, que transmite los impulsos directamente al cerebro y da órdenes a través del pensamiento. Sin embargo, un implante no estaría obligado a utilizar el poder de la matriz, sería suficiente con tener un buen ordenador a mano. El ordenador en el interior del cuerpo humano sólo hace que la operación sea mucho más fácil, más rápida, más cómoda y más eficaz.

El segundo elemento necesario, añadido a las Máquinas de Popoff, es la comunicación instantánea a través de canales, basada en el entrelazamiento cuántico (o alguna otra tecnología novedosa). Las leyes de la física moderna, limitan la velocidad de los objetos materiales, pero no de la información. Tales canales serían fiables, de alta seguridad, y rentables.

En la teoría cuántica, las partículas elementales vibran. Se componen de cadenas unidimensionales. Estas cadenas oscilan, dando a las partículas su masa, carga, espín, y su flavor. Si dos partículas se tocan entre sí pueden oscilar al unísono; si separamos estas dos partículas que vibran al unísono y agitamos una de estas partículas, la otra partícula se ve afectada a una velocidad mucho mayor que la velocidad de la luz. Las dos partículas entrelazadas se influyen mutuamente de forma instantánea, tanto si están en la misma habitación o en los extremos opuestos del Universo. Einstein lo llamó "acción fantasmal a distancia". Él odiaba el entrelazamiento porque parecía ir en contra de su teoría de la relatividad, que establece que nada, ni siquiera la información, puede viajar más deprisa que la velocidad de la luz. Por ahora, los científicos asumen que las partículas entrelazadas interactúan de forma instantánea, pero se necesitan muchos experimentos para medir la velocidad a enormes distancias.

La gente letrada dice y escribe en sus libros y artículos, "que la transferencia de información no puede ser más rápida que la luz porque esto violaría la causalidad! Los efectos pueden preceder a sus causas."

Imaginemos dos dispositivos de comunicación entrelazados cuánticamente intercambiando información a grandes distancias. El primero está en la Tierra, el segundo fue lanzado por una sonda espacial o una nave espacial tripulada a la órbita de la estrella más cercana a nuestro Sol, a Próxima Centauri, que está a una distancia de 4,2 años luz de nosotros. Un cliente envía un e-mail y el destinatario lo recibe instantáneamente, o ellos hablan por teléfono, o se están intercambiando archivos de video y los ven inmediatamente.

Mi pregunta es, ¿cómo puede este intercambio instantáneo de información, entre estos dos dispositivos de comunicación entrelazados cuánticamente violar la causalidad?

Otro mantra pseudocientífico afirma que la comunicación más rápida que la luz es, según la teoría de la relatividad de Einstein, equivalente a viajar en el tiempo. Entonces, ¿qué o quién está viajando hacia atrás y hacia adelante en el tiempo, en este caso particular?

Las leyes de la física no prohíben la transferencia instantánea de información.

Los equipos robóticos activados por canales de información instantánea y la matriz permitirían la telepresencia de alto rendimiento: esto es la capacidad de experimentar en tiempo real otra localidad u otro mundo, a través de los "ojos" robóticos remotos para ver, los "los pies" para el desplazamiento, y las "manos" para manejarse. Y una lengua a distancia para chupar un helado extraterrestre, si usted se anima a hacerlo. La experiencia de "estar allí", "divertirse allí", o de "trabajar ahí" ya no requieren que uno se encuentre físicamente allí, incluso si el lugar de residencia está a distancias de muchos sistemas estelares. Usted puede obtener todas las sensaciones que normalmente obtiene al visitar un lugar personalmente. Usted puede sentir el viento, la lluvia y el sol en "su" piel, el sabor de la comida local, o explorar los caprichos de un amor alienígena.

Los canales de datos instantáneos y la matriz resuelven las desventajas de la autorreplicación no controlada y de la desactualización rápida de las sondas robóticas interestelares: se podría actualizar el software y el hardware de forma regular. No hay necesidad de un ordenador autónomo con un nivel de inteligencia similar a la inteligencia humana para el control de las unidades autorreplicantes.

Las sondas espaciales podrían desplegar una amplia red de canales de datos instantáneos y máquinas superiores en el espacio, que serían capaces de producir fábricas robotizadas, plantas de energía, todo tipo de máquinas, nuevas sondas espaciales, robots, elementos de sistemas de defensa, y otros, a partir de los materiales locales.

Los seres humanos pueden controlar máquinas superiores, inteligencias artificiales, y varios dispositivos, a través de esta tecnología (telepresencia robótica basada en la comunicación instantánea y matrices) no sólo en entornos remotos, sino también en áreas peligrosas y situaciones como desactivación de explosivos, minería, operaciones militares, trabajos submarinos, en el rescate de víctimas de un incendio, radiación peligrosa, atmósferas tóxicas o situaciones de toma de rehenes. Las aplicaciones son prácticamente innumerables: la medicina (incluida la cirugía a distancia), la diversión, la educación, la investigación científica, entre otros. También pueden utilizarse para cambiar la escala, por ejemplo, un cirujano puede usar la técnica de micromanipulación para llevar a cabo una cirugía a un nivel microscópico, para la construcción de nanodispositivos increíblemente pequeños, etc.

Las Máquinas de Popoff, también llamadas máquinas superiores, llegarán en todos los tamaños, formas y con diversas funciones. Algunas serán universales, pero también habrá máquinas altamente especializadas. Serán fabricadas por todas las civilizaciones del Universo. También llegarán máquinas superiores alienígneas a la Tierra, para bien y para mal. Sólo las máquinas superiores estarán en condiciones de luchar contra las máquinas superiores alienígenas. La humanidad no va a poder sobrevivir sin máquinas superiores.

Es inevitable que los seres humanos tengan que enfrentarse a Máquinas de Von Neumann (dispositivos robóticos autorreplicantes, no observados en tiempo real y naves espaciales controladas por la inteligencia artificial autónoma) funcionales y dañadas, y máquinas superiores postulados como Máquinas de Popoff (varias máquinas robóticas habilitadas con matriz, con autonomía limitada, que funcionan en tiempo real a través de canales de datos instantáneos).

Para sobrevivir, todas las civilizaciones cósmicas deberían ser capaces de impedir que las naves extraterrestres, máquinas autorreplicantes, máquinas superiores, o sondas entren en su hábitat (su sistema solar en esta etapa de desarrollo), y de tener el poder tecnológico y militar para destruirlos, si fuera necesario.

WearComp

Un siguiente paso práctico en la funcionalidad de los ordenadores presenta la WearComp, una computadora portátil que la gente llevará casi permanentemente sobre sus cuerpos. Las Wearcomps tomarían diversas formas.

Una de las primeras iteraciones de la WearComp podría ser una combinación de un teléfono móvil con suficiente capacidad computacional y "gafas-plus", gafas que ofrecen imágenes de vídeo en 2D y en 3D, audio, teclado virtual, ratón virtual, etc. No hay necesidad de pantallas 3D gigantes para ver una película perfecta. Las gafas-plus incluyen micro-cámaras incorporadas, sensores de ondas cerebrales, un láser de baja potencia, y un dispositivo de infrarrojos. El intercambio de datos del teléfono móvil y de las lentes de alta tecnología será a través de Bluetooth o de una tecnología inalámbrica similar. El teléfono celular ofrece una conexión constante a Internet de banda ancha. Debería disponer de un procesador potente y bastante batería para el procesador y la conexión inalámbrica.

Las gafas-plus pueden caber fácilmente en un bolsillo de chaqueta o en un bolso.

También se puede conectar el WearComp a un monitor normal, a teclado, ratón, disco duro, impresora y a otros dispositivos a través de cable o de modo inalámbrico, a través de un hub o directamente.

El teléfono móvil debe proporcionar conectividad de banda ancha a través de una variedad de dispositivos y sistemas de comunicaciones inalámbricas como Wi-Fi, WiMAX, UMTS, CDMA2000, GSM, CDMA, y otros. El uso generalizado de WearComps requeriría un nuevo estándar de comunicación inalámbrica. Miles de millones de clientes con WearComps que viajan por todo el mundo serían un negocio serio y un gran reto.

La tecnología de la WearComp propuesta ya está disponible, aunque algunos de los componentes están todavía en las primeras etapas de desarrollo. Los fabricantes de productos electrónicos podrían comenzar a ensamblar WearComps de inmediato, puesto que ya existe el concepto del dispositivo.

Las futuras gafas-plus también podrían proporcionar una pantalla holográfica personal.

Teclado y ratón: a través de las gafas-plus el cliente podría ver un teclado virtual en 3D, que podría tener varias formas: un teclado normal, una vieja máquina de escribir, un teclado futurista de lujo, o uno podría diseñar un teclado único y personal.

Un láser de baja potencia o dispositivos de infrarrojo proyectan sobre el lugar en el que podemos ver el teclado virtual. Los dedos realizan las pulsaciones en el teclado virtual, moviéndose en realidad en el espacio vacío. Esto interrumpe el rayo y la luz se refleja de vuelta a la cámara donde se analiza y se convierte en pulsaciones.

Los sistemas de control de movimientos en 3D utilizan otro método más: dos cámaras de micro-vídeo, un poco separados, controlan los movimientos del dedo. Las cámaras captan los movimientos, y el software analiza los movimientos de los dedos y las convierte en las pulsaciones de teclado. Varios de estos sistemas están ya en uso.

La interfaz cerebro-ordenador permite a las personas controlar ordenadores y otros dispositivos, y para comunicarse por el mero pensamiento.

Las manos biónicas ya están en el mercado. Los sensores ubicados sobre la piel por encima de los nervios leen los impulsos eléctricos del cerebro para manipular las extremidades, y una persona puede controlar con éxito múltiples movimientos complejos de una prótesis de mano y de dedos a través de pensamientos.

El hombre también puede aprender a controlar las manos virtuales y para escribir textos en un teclado virtual a través del pensamiento.

Usted puede obtener un control total del ordenador utilizando solamente sus ojos.

El Tobii PCEye es un dispositivo de control visual fácil de utilizar. Aporta al ordenador el control del manos libres. El Tobii PCEye funciona mediante luz de infrarrojos cercanos que se emite desde el módulo de control del ojo. Esta luz se refleja en las córneas de los ojos del cliente. Las reflexiones son recogidas por los sensores y procesadas.

Sistemas de seguimiento de los ojos similares podrían ser fácilmente integrados en la WearComp.

Mediante el rastreo ocular puede mejorarse y acelerarse enormemente la comunicación con los ordenadores y otros dispositivos. Hay numerosos métodos para medir los movimientos de los ojos.

El cliente WearComp puede controlar el teclado y el ratón del ordenador a través de movimientos reales de manos y dedos o bien únicamente a través del pensamiento.

Un escáner de ondas cerebrales y software pueden convertir las ondas cerebrales en comandos de ordenador. Esta interfaz cerebro-ordenador no invasiva es segura, confiable y conveniente. Los investigadores están diseñando varias interfaces de ondas cerebrales/ordenador. Es sólo una cuestión de tiempo hasta que seamos capaces de controlar nuestro ordenador y de escribir textos solamente con nuestros pensamientos.

El intendiX de la empresa austriaca de ingeniería biomédica, Guger Technologies, permite a los clientes escribir textos con sus pensamientos. El dispositivo funciona a través de un gorro EEG sensible, que mide la actividad cerebral. El usuario sólo tiene que observar una cuadrícula de letras que parpadea en la pantalla, centrándose en la tetra que tiene que escribir. Cuando la tetra se ilumina, cambian de las ondas cerebrales, lo que le permite al dispositivo EEG determinar lo que hay que escribir. Los usuarios podrán utilizar esta tecnología después de tan sólo unos minutos de entrenamiento.

Después de acostumbrarse al sistema, el cliente podrá escribir a una velocidad de una letra por segundo, lo suficiente para mantener una conversación y escribir textos.

No habrá necesidad de un gorro EEG. Un sofisticado escáner cerebral en las gafas-plus hará la magia de controlar la WearComp sólo a través de pensamientos.

Una WearComp con interfaz de ondas cerebrales/ordenador permitirá a los usuarios realizar conversaciones telefónicas sin sonido, al pronunciar las palabras en silencio. El escáner cerebral que monitoriza la actividad cerebral, convertirá los impulsos eléctricos de los pequeños movimientos musculares, que se producen cuando se habla, en una voz generada por ordenador. Esto es muy conveniente cuando se habla en un ambiente ruidoso, cuando otras personas no deben escuchar la conversación, o para evitar molestar a los demás.

El usuario también puede escribir textos o controlar el ordenador mediante la pronunciación de las palabras en silencio o bien en voz alta.

Dispositivos de juego sencillos, controlados por el pensamiento, ya están en el mercado. Pronto los tendremos integrados en los ordenadores con el fin de escribir con un teclado virtual y de hacer clic en un ratón virtual. Ordenadores controlados por el pensamiento, aparatos electrónicos, y los robots ya están a la vuelta de la esquina.

El escáner cerebral también podría utilizarse para vigilar la salud del usuario.

Los teclados físicos tienen limitaciones drásticas. Los usuarios de la WearComp podrán diseñar su propio teclado virtual. Podrán cambiar la forma y el tamaño del teclado y el tamaño y el color de las teclas, ya que pueden cambiar la posición de las teclas y añadir sus propias teclas. En un instante podrán cambiar el teclado de escritura por un teclado con frases de uso frecuente, signos, símbolos, imágenes, y luego regresar al teclado de escritura, pero esta vez con alfabetos extranjeros como el árabe, chino mandarín, búlgaro (también llamado cirílico), hebreo, etc. Los clientes también podrán utilizar teclados con símbolos matemáticos o de ingeniería. Las posibilidades parecen ser limitadas únicamente por la imaginación del usuario.

Ciertamente, los investigadores descubrirán también formas nuevas e inesperadas para introducir información en el ordenador, en lugar de un teclado virtual, sin embargo convenientemente modificadas.

La mayoría de los ordenadores del futuro no tendrán teclados. La gente va a escribir textos y controlar el ordenador únicamente con sus pensamientos.

Pronto las WearComps serán la norma.

Las cámaras y el Beamer (emisores de radiaciones electromagnéticas como la luz láser y luz infrarroja), que podrían ser parte del sistema de control de movimientos de manos y dedos, incorporado en las gafas-plus, también podría utilizarse para medir distancias y para la medición de objetos sin contacto, para ver en la oscuridad, en la niebla, en la lluvia y en la nieve, y como los punteros láser, para crear imágenes holográficas fijas y en movimiento, para analizar los alimentos que comemos, para conducir vehículos de una manera más segura, para ver a través de paredes y de la ropa (Santo cielo, ¡mira esta chica realmente preciosa, está desnuda!)

Las implicaciones para la industria, el comercio, la medicina, el ejército, el entretenimiento, etc., son innumerables.

Cuando las personas empiecen a utilizar los teclados y los ratones virtuales, ambos dispositivos virtuales se integrarán y cambiarán mucho.

En realidad, con la llegada de la WearComp, utilizaríamos el teclado físico, el ratón y el monitor sólo relativamente pocas veces. Las personas con chips implantados o WearComps con sensores de ondas cerebrales podrán disfrutar de una confortable interfaz mental. El monitor, el teclado y el ratón se habrán fundido en una sola imagen mental en la mente del usuario y serán controlados por el pensamiento.

La WearComp también podría ser de gran beneficio para las personas sordas y con discapacidad auditiva. Estas personas utilizan el lenguaje de signos para comunicarse. Algunos utilizan los teléfonos móviles para enviar mensajes de texto, teléfonos de video para ver los signos de manos y dedos y computadoras para enviar mensajes de texto y la videoconferencia para hablar.

La WearComp podría significar una pequeña revolución para las personas sordas y con discapacidad auditiva. El sistema de detección de movimiento de la WearComp, la lectura de la escritura mediante manos y dedos en el teclado virtual, se podrían utilizar para leer los signos y enviarlos al compañero como video, animación, o texto en forma de subtítulos en la pantalla virtual. La WearComp también podría traducir el lenguaje de signos, a una lengua extranjera de signos o de texto. También podría vocalizar el lenguaje de signos para que las personas no sordas puedan oír o ver el discurso en forma de subtítulos en la pantalla virtual.

Las personas sordas y con discapacidad auditiva también podrían escribir en el teclado virtual. La emisión del texto también podría tomar la forma de un discurso generado por ordenador.

El software de la WearComp podría traducir simultáneamente el lenguaje de signos, audio y texto de diferentes lenguas a otros idiomas, en forma de lenguaje de signos, audio y texto, proporcionando una comunicación eficaz entre sordos y personas con discapacidad auditiva, así como personas oyentes, que utilizan diferentes idiomas.

Por ejemplo, el lenguaje de signos español es traducido al lenguaje de signos francés, el audio está en alemán. Los franceses y españoles sordos y con deficiencias auditivas y el alemán podrían tener una conversación normal.

Las personas sordas y con discapacidad auditiva también podrían ver a discreción obras de teatro en vivo, películas y televisión en todos los idiomas, en el monitor virtual. El software proporcionará los signos o subtítulos de un banco de datos de subtítulos, o los traducirá simultáneamente para ellos.

A veces se desarrollan dentro de una misma familia sistemas de signos, los denominados signos caseros. Cuando unos padres oyentes, sin ningún tipo de conocimientos del lenguaje de signos, tienen un hijo sordo, se desarrollará un sistema informal de signos, de forma natural.

La WearComp será de gran ayuda para estas familias porque los niños se desarrollarán de manera normal, comunicándose libremente con su familia, compañeros y amigos.

Recientemente, el lenguaje de signos se ha hecho popular entre los padres que enseñan a sus niños pequeños con mayor éxito, debido a que los músculos de las manos de los bebés crecen y se desarrollan más deprisa que sus bocas. Los niños pueden aprender y comprender el lenguaje de signos más deprisa de lo que aprenden a hablar, de modo que la confusión de los padres que están tratando de averiguar lo que su bebé quiere, va a disminuir significativamente.

El escáner cerebral de las gafas-plus también podría ayudar a las personas sordas y con discapacidad auditiva, ya que seguiría de cerca la actividad cerebral y convertiría los impulsos eléctricos del cerebro en voz o texto generados por ordenador. De esta manera estas personas podrían comunicarse con personas con discapacidad auditiva y oyentes sin necesidad de utilizar el lenguaje de signos.

La WearComp (en todas sus iteraciones) será su amigo, su mayordomo, su colega, su traductor simultáneo, su pareja, su asesor personal, su médico. Se convertirá en una extensión de usted mismo. En realidad, la imagen mental proporcionada por la WearComp y su mente hará lo que usted acepta como usted mismo. Su mente y la "mente" del ordenador se fusionarán en un USTED más elevado y más potente. Si se quita la WearComp, usted se sentirá inutilizado, incapacitado. Una persona que ya no puede igualarse con la gente normal con WearComp estará fuera de combate.

La WearComp se convertirá en una extensión de la mente humana y de la memoria, y tendrá acceso permanente a todo el conocimiento de la humanidad y a la información práctica en todos los idiomas (el traductor universal sabe todas las lenguas).

El exocortex, un término inventado por el investigador Ben Houston en 1998, es un sistema artificial de procesamiento de información externo, estrechamente relacionado con el cerebro, que aumentaría la inteligencia humana, la memoria y el acceso a todo el conocimiento humano. El exocortex fue acuñado como una alusión a la neocorteza, la parte del cerebro de los mamíferos evolutivamente más reciente, que implica habilidades cognitivas superiores como el pensamiento consciente, la percepción sensorial, las órdenes motoras, el razonamiento espacial y, en los seres humanos, el lenguaje. El nuevo término sugiere un nuevo nivel superior de pensamiento.

La WearComp es la primera iteración del exocortex.

"La mejor respuesta a la pregunta: ¿Serán los ordenadores alguna vez tan inteligentes como los seres humanos? 'Probablemente' Sí, pero sólo brevemente," dijo Vernor Vinge, matemático, informático y autor de ciencia ficción.

En su artículo *The Coming Technological Singularity*, Vinge argumenta que la creación de inteligencia artificial sobrehumana marcará el punto final de la era humana.

"Dentro de unos treinta años como muy tarde, vamos a contar con los medios tecnológicos para la creación de inteligencia sobrehumana. Poco después, finalizará la era humana".

Espero que esta respuesta esté totalmente equivocada. Porque la inteligencia artificial se convertirá en parte del ser humano, y no puede ser más astuta que él mismo, es decir, el ser humano. De este modo, cuanto más inteligente sea la inteligencia artificial, más se convertirá en un poder mental adicional del ser humano.

Mientras que se vaya dominando la inteligencia artificial, las máquinas superiores, y los robots acarrearán muchos accidentes e incluso guerras (los seres humanos utilizarán la inteligencia artificial y los robots contra otros seres humanos con inteligencia artificial y robots) y sin duda miles de millones de personas morirán, pero los seres humanos sin la inteligencia artificial y las máquinas superiores serán aniquilados por otros seres humanos y nuestros competidores cósmicos.

Las máquinas superiores e inteligencias artificiales no pueden ser más astutos que los seres humanos, ya que serán parte de ellos. Todo lo que una máquina o una inteligencia artificial puede hacer, también lo puede hacer una persona, a través de la misma u otras máquinas superiores o inteligencias artificiales. Las máquinas superiores e inteligencias artificiales serán prolongaciones de las capacidades cognitivas y físicas del ser humano.

A través de la WearComp, se puede acceder a un sinnúmero de otros equipos y máquinas: todos los electrodomésticos y la electrónica, el coche, el sistema de seguridad para el hogar y las cámaras, la red de oficinas, la regadera del jardín, los servidores de la compañía y la maquinaria de producción...

La WearComp también podría ofrecer videoconferencias eficientes. Los participantes también pueden compartir datos de dispositivos obsoletos como computadoras personales, teléfonos inteligentes y tabletas, integrados en una pantalla de vídeo de la WearComp. No hay absolutamente ninguna necesidad de que la sala de reuniones o las personas se encuentren en el mismo planeta.

Bienvenidos al mundo real de la realidad virtual.

En las películas de ciencia ficción, el temerario héroe agita sus manos (a veces utilizando guantes especiales, con irrelevantes luces llamativas en ellos) frente a las pantallas grandes, manipulando imágenes de fantasía, documentos y videos con la única intención de desconcertar al espectador inocente. La WearComp hace innecesario todo ese circo chichí.

La sala de reuniones de ayer: todos se sientan a la mesa, discutiendo asuntos importantes, a menudo hojeando unos papeles. Las reuniones tuvieron lugar cara a cara.

La sala de reuniones de hoy: los participantes se sientan a la mesa, discutiendo asuntos importantes, utilizando computadoras personales y documentos en papel, teléfonos móviles, tabletas, ordenadores portátiles, proyectores, etc. Algunos están presentes a través de Internet. Las conferencias en línea también están ganando popularidad.

La sala de reuniones del mañana: no hay necesidad de una sala, si los participantes tienen WearComps. Todos se encuentran en una sala de conferencias virtual. Las personas pueden estar físicamente por todo el mundo, viajando en un autobús, coche, avión, o sentados en el inodoro, en la playa, tomando el sol, etc.

Los mundos virtuales serán una suerte y una desgracia. La realidad virtual va a transformar todos los aspectos de la vida humana: nuestra educación, nuestra hospitalidad, nuestra vida social, el pensamiento y la imaginación, el cuidado médico, la forma en que hacemos los negocios y las guerras.

Casi todo el mundo se convertirá en sabio y prodigio desde la perspectiva del hombre sin WearComp de hoy.

Las habilidades de sabio en el caso de Orlando Serrell, llegaron después de una lesión cerebral. El niño Orlando, de diez años de edad, estaba jugando al béisbol cuando el balón le golpeó con fuerza en el lado izquierdo de su cabeza. Cayó al suelo, pero se levantó para seguir jugando.

Durante algún tiempo, tenía dolores de cabeza. Cuando desaparecieron, se dio cuenta que tenía nuevas habilidades: podía realizar complejos cálculos astronómicos y recordar el tiempo de todos los días, a partir del día del accidente.

No hay absolutamente ninguna necesidad para los usuarios de WearComps de someterse a una lesión cerebral a fin de convertirse en sabios y prodigios.

Cuando se utiliza una WearComp, uno nunca se preguntará si esta música es de Berlioz o de Bizet, si esta pintura es de Monet o de Manet, o quién es el tipo que acaba de conocer en un restaurante o que ha visto en la televisión. Usted lo va a "saber" todo, de la Gran Enciclopedia, que contiene todo el conocimiento del *Homo sapiens*.

Usted nunca olvidará. Va a "recordar" en imagen, vídeo, texto y sonido cada detalle de su vida. Va a "saber" todas las lenguas humanas.

NIVEL DE COMPETENCIA

Las hipótesis sólidas que responden a la paradoja de Fermi tienen que cumplir dos requisitos fundamentales: primero, el Universo tiene que estar lleno de vida y de inteligencia, y en segundo lugar, la mayoría de los seres inteligentes aún no se han contactado mutuamente, las fugas radioeléctricas todavía no se han detectado, y no hay evidencia sólida para demostrar la existencia de civilizaciones extraterrestres.

Estas hipótesis también deben cumplir con algunos principios básicos:

1. La navaja de Occam nos aconseja mantener las cosas simples.

2. El principio de Copérnico es la idea de que los seres humanos no ocupan un lugar especial en el Universo, y que la Tierra es típica y común. Los seres humanos no son seres privilegiados, sino son una civilización cósmica más o menos de término medio.

3. La idea de darwinismo (selección natural, la competencia dura, y la supervivencia del más apto) debería aplicarse a todas las formas de vida biológica y artificiales.

4. El principio de uniformidad, dice que a escala mundial, las cosas son muy similares en todas partes del Universo;

5. Hay civilizaciones súper avanzadas fuera de nuestro Universo y tienen acceso a todo lo que contiene.

6. El espacio es mucho más grande y mucho mayor que nuestro Universo, el multiverso, el omniverso (llamado "el fin del infinito"), el metaverso, el xenoverso, el hyperverso, etc. Lo que es exactamente el espacio, nadie en esta tierra lo sabe.

La paradoja de Fermi, los problemas con las peligrosas Máquinas de Von Neumann autorreplicantes, las Máquinas de Popoff que son extensiones de las civilizaciones al espacio, y la contaminación de gérmenes en el espacio, están estrechamente relacionados. Son parte de un concepto más grande pero sencillo, un Universo lleno de civilizaciones aptas que sobreviven a los riesgos existenciales. Por lo tanto, el origen simultáneo de la inteligencia es una necesidad. Las razas cósmicas de emergencia tardía están condenadas.

En este libro, no me quedo con un solo concepto de la realidad, simplemente porque nadie sabe a ciencia cierta cuál es la verdadera. La realidad puede ser muy diferente del actual conocimiento científico.

No tiene sentido hablar de la "verdadera realidad", porque nunca podemos estar absolutamente seguros de nada.

El mal construido cuerpo humano con su mal funcionamiento, sugiere que el Universo y los seres humanos son los deberes de un pésimo estudiante. ¿Por qué?

Las criaturas en el Universo viven en un mundo de recursos limitados: petróleo, atractivas parejas del sexo opuesto, buenos salarios, copas de campeonatos, whisky supremo, etc. Si los recursos que necesitamos, o creemos necesitar, fueran abundantes, no habría competencia, por lo tanto, la evolución de las formas de vida y de la inteligencia sería muy lenta o casi nula.

Vivimos en un mundo guiado por modelos, que estimulan la evolución a través de la competencia. Edén es un lugar de abundancia y de perfecta felicidad, en el que no hay lugar para la rivalidad entre dos o más personas o grupos por el bien de un objeto deseado en común, que por lo general resulta en un ganador y un perdedor, a veces con la destrucción de este último o de ambos. Las doctrinas del paraíso, de la paz eterna y del amor para siempre, de los tiempos dorados del pasado cuando la gente vivía en armonía y hermandad, o de algún tiempo dorado del futuro, son mitos imposibles, ya que en estas sociedades la evolución es demasiado lenta o inexistente. Los miembros sanos, eternos (o al menos muy longevos) de un mundo utópico estarían disfrutando de la vida, plenamente satisfechos, en un entorno perfectamente seguro. Pero no habría suficientes estímulos para cambiar nada, ni siquiera a sí mismos. La evolución significa cambios permanentes. El cambio es la única constante.

Como cuestión de hecho, el paraíso, la felicidad perfecta, la vida infinita, la resurrección de los muertos de nuestros seres queridos o de los famosos personajes históricos, la juventud eterna, la creación de una copia de alguien que murió en un accidente, y otras maravillas de este tipo son perfectamente posibles. El modelo de un mundo deseado o de una persona puede ser materializado por el vector. Podríamos vivir en la dicha suprema para siempre en el Edén, pero nuestro mundo está guiado por otro modelo, que requiere el crecimiento, la evolución, el progreso, un gran número de individuos y civilizaciones rivales que compiten, y un sinnúmero de nacimientos y muertes.

La velocidad de la evolución tiene que estar muy bien definida.

Si la competencia es muy fuerte, la tasa de muerte y destrucción resultantes de la rivalidad (guerras, revoluciones, conflictos religiosos, crímenes, todo tipo de accidentes, celos, etcétera) es demasiado alta y el desarrollo se volvería con el tiempo más lento. Las pérdidas humanas, industriales, financieras, de infraestructura y otras, se convierten en impedimentos. La gente se acabaría desmotivando. Esto es especialmente importante cuando las especies inteligentes desarrollan tecnologías de autodestrucción, como armas nucleares, químicas, biológicas y otras armas de destrucción masiva, la devastación y el caos podría ser tan grande que estas civilizaciones podrían no recuperarse en un período razonable de tiempo, sino que serían asimiladas o destruidas por sus competidores.

Si el nivel de competencia es muy bajo, entonces la tasa de muertes dentro de una población dada, como consecuencia de la competencia se reduce significativamente y la gente disfruta de una vida cómoda, sin embargo, la tasa de desarrollo sería insuficiente, y tales civilizaciones podrían no sobrevivir a la rivalidad en la Tierra y de las razas cósmicas.

Las futuras generaciones de todas las inteligencias cósmicas invertirían enormes esfuerzos y recursos en sus intentos de reprogramar el vector (del mismo modo que ahora estamos tratando de reestructurar el ADN) con el fin de proporcionar una vida más segura y confortable. Pero ellos (incluidos nuestros descendientes) estarían también mucho más cerca de la muerte de sus sistemas solares locales, con la muerte de sus soles, y del final termodinámico del Universo, con el agotamiento de sus recursos naturales. Con el fin de salir de sus sistemas solares domésticos y de colonizar el espacio, y después de eso el Universo, las futuras generaciones necesitarían enormes cantidades de energía, nuevos territorios y enormes recursos naturales. Las razas cósmicas inteligentes se enfrentarían a dos estrategias principales: a un final cómodo de su civilización o a una feroz lucha con el fin de sobrevivir, abandonando el Universo moribundo.

La negativa a competir y evolucionar significa una muerte segura para cualquier civilización.

CAPÍTULO 6

MEGA INTELIGENCIA

Mega inteligencia (mega civilizaciones) son términos que describen inteligencias maduras que logran abandonar sus moribundos universos de origen. Las especies inteligentes que habitan nuestro Universo, incluidos los seres humanos (si es que sobreviven), también deben abandonarlo, si es que quieren conseguirlo.

Las mega civilizaciones están vigilando, controlando y guiando en cierta medida el desarrollo de los organismos y de las inteligencias en este ciclo de vida de nuestro Universo. Es posible, que algunas mega inteligencias estén visitado periódicamente el Universo (y la Tierra), con el fin de tomar todo tipo de muestras, incluyendo muestras de formas de vida inteligentes.

Pero ¿por qué estas criaturas omnipotentes no se presentan? Tienen sus razones.

Con la esperanza de una mayor claridad y de una mejor solución, estoy reflexionando sobre la paradoja de Fermi bajo dos aspectos:

1. ¿Por qué no tenemos evidencia de vida inteligente que habita nuestro Universo?

2. ¿Por qué las mega civilizaciones de fuera de nuestro Universo no aparecen? Pues ellas tienen los medios tecnológicos para hacerlo.

Los investigadores que debaten sobre la paradoja de Fermi sólo tienen en cuenta el primer aspecto, es decir, ¿por qué no tenemos ninguna evidencia sólida sobre la vida inteligente que habita nuestro Universo? Aquí la hipótesis del origen simultáneo podría ser una posible respuesta.

Pero hay una razón más, por la que los académicos deben detenerse en el problema sobre la vida alienígena inteligente. La verdadera solución de la paradoja de Fermi podría ser la clave para una comprensión más correcta del Universo, de la vida y de la inteligencia, que pueden ser orquestados por un vector: una estructura y un mecanismo similar al genoma que se hereda de los muchos universos que nos precedieron en el tiempo.

A menudo me hago a una simple pregunta. ¿Por qué hay seres inteligentes en un nivel evolutivo tan bajo como los seres humanos en el Universo, teniendo en cuenta, en primer lugar, la enorme cantidad de tiempo transcurrido desde el inicio del espacio, no sólo los humildes 13,7 mil millones de años desde el origen de nuestro Universo, sino los innumerables años y horas antes de eso, y en segundo lugar, teniendo en cuenta la increíble inmensidad del Ser, con todas las posibles mega criaturas súper poderosas? Parece obvio que la evolución debe producir una inteligencia mucho mayor durante este período de tiempo tan enorme, y en innumerables mundos.

Los seres humanos evidentemente no son el pináculo del desarrollo de toda la materia, la vida, la inteligencia, o lo que sea. El principio antrópico es una hipótesis muy auto engañosa.

Las ideas antropocéntricas consideran a los humanos como un hecho central del Universo y asumen *que el Homo sapiens* es el objetivo final y el final del Universo. Miran e interpretan todo en los términos de la experiencia y de los valores humanos.

La forma más simple del principio antrópico afirma que Dios creó el Universo para nosotros, los humanos, y que hemos sido creados a su imagen y semejanza. Sin embargo, algunas religiones y tradiciones aceptan que hay muchos mundos en el espacio, habitados por varias criaturas, y por lo que rechazan el enfoque antropocéntrico en la interpretación de los principios universales.

El principio cosmológico antrópico establece que las leyes naturales, constantes y estructuras básicas de nuestro Universo no son completamente arbitrarias, sino que se ven restringidas por los requisitos que permiten la existencia de los seres humanos. La palabra se deriva de anthropikos antrópico, que significa hombre.

Un universo podría tener un ajuste fino diferente al de nuestro Universo y también podría albergar vida e inteligencia, las cuales serían, por supuesto, (muy) diferentes de la vida y de la inteligencia en nuestro Universo. Reflexionando sobre la paradoja de Fermi y el principio antrópico, la afirmación "científica", de que "el universo tiene las propiedades que tiene, porque si tuviera propiedades diferentes, no estaríamos aquí para hacer la pregunta" es falsa. Sólo diferentes tipos de sapiens harían la misma pregunta. Supongo que la vida y la inteligencia podrían existir y prosperar en un gran número de universos con diferentes ajustes finos. Tan diferente que no podemos ni siquiera imaginar esos mundos.

Los seres humanos han se han hinchado con autosuficiencia imaginaria. La mayoría de los eruditos no son capaces de dejar de lado el término antrópico. Ahora, hay varios principios antrópicos: el principio antrópico débil, el principio antrópico fuerte, el último principio antrópico, el principio antrópico individual, el principio antrópico participativo, etc.

Los investigadores acuñaron el término "observador", entendiendo de que tal vez los seres humanos no pueden ser el objetivo final y el fin del

Universo. Añadir la palabra antrópico a algún principio universal fundamental, es enormemente engañoso (en realidad totalmente equivocado). ¿Qué pasa con el observador? El perro que ladra y corre alrededor de su patio trasero también es un observador. ¿Ha sido el Universo "diseñado" con el objetivo de generar y mantener "perros?" Yo personalmente, lo dudo.

Luego el término se cambió y el observador se volvió inteligente. El principio del observador inteligente (o el principio sapiens) es sin duda también un término incorrecto. Los antiguos pastores eran observadores inteligentes, capaces de curar a sus ovejas, conocían historias, poemas y mitos, tuvieron su cosmología, algunos sabían leer, y así sucesivamente. Pero el Universo (esa caprichosa, gran señora anciana) no dejó de desarrollarse al alcanzar su objetivo final: la generación de un pastor inteligente. En cambio, está galopando hacia adelante a toda velocidad. Obviamente, la observación inteligente no es suficiente. ¿Tal vez habría que añadir la creación, la participación en la creación, la adquisición de nuevos conocimientos? Eso tampoco es suficiente. Incluso ahora, los seres humanos están creando un montón de cosas. ¿Qué pasa con los grandes descubrimientos científicos?

ESO YA EXISTIÓ

No hay nada nuevo bajo el sol.
¿Hay algo de lo que se pudiera decir,
"Mira, esto sí que es algo nuevo?"
Eso mismo ya existió, muchísimo antes que
nosotros.
-Eclesiastés

En la actualidad, sólo estamos asimilando los conocimientos que se han almacenado en el vector durante los anteriores ciclos evolutivos del Universo. Los llamados grandes descubrimientos científicos realmente se transmiten a partir del vector a los científicos que están preparados para entenderlos y divulgarlos. En este mismo momento, miles de millones de científicos en nuestro Universo están descubriendo las mismas teorías que los investigadores humanos están descubriendo en la Tierra. Miles de millones de Einsteins redescubrieron la teoría de la relatividad, en realidad, lo consiguieron a partir del vector. ¡Una idea bastante humillante! Una de las muchas tareas del vector es educarnos. Ahora bien, los seres inteligentes en nuestro Universo (biológicos o no) son más como (bio) robots que se crean, organizan, controlan, educan, etc., a través del vector. ¡No te gusta la idea? A mi tampoco me gusta, pero prefiero aceptar la verdad, en lugar de esa inflada creencia auto engañosa sobre la gran importancia de los seres humanos y alienígenas que exploran conscientemente la naturaleza en toda su extensión. También me gusta la idea de que somos seres inteligentes, autónomos, originarios, independientes, creativos y autosuficientes con voluntad propia, pero ¿es eso cierto?

Hechos amargos son mejores que ilusiones o doctrinas de auto engaño, si uno va a explorar el mundo. Mentiras reconfortantes no tienen nada que ver con ciencia.

Aún no tenemos suficientes conocimientos sobre la evolución de la materia, de la vida y de la inteligencia para tener una idea clara del Universo y de su futuro, y no podemos sacar conclusiones científicas realistas sobre sus principios universales fundamentales o finales. Sólo podemos especular.

La respuesta más probable a la pregunta aparentemente tan simple como "¿Por qué hay seres inteligentes en un nivel evolutivo tan bajo como seres humanos en el Universo?", podría ser que la materia, la vida y la inteligencia se desarrollan en ciclos y están organizados en aglomerados apropiados. Ahora nos encontramos en los niveles bajos de un ciclo de desarrollo en nuestro presente aglomerado, el Universo. Sólo tenemos acceso a nuestro aglomerado. Las criaturas que habitan en aglomerados más avanzados pueden acceder a los inferiores y, hasta cierto punto los están guiando.

El desarrollo de nuestro Universo es el ciclo evolutivo más largo que conocemos. De acuerdo con la ciencia moderna, este podría durar alrededor de hasta cien mil millones de años. Los universos en desarrollo también pueden ser sometidos a ciclos evolutivos de mucho más tiempo.

¿Para qué sirve el desarrollo en ciclos? ¿Por qué la Madre Naturaleza se repite periódicamente? ¿Podemos observar semejantes ciclos en la Tierra?

Los ciclos son una parte inevitable de la evolución de la materia, de la vida y de la inteligencia. Un ciclo puede durar todo el período de existencia de un universo, pero también hay un gran número de ciclos más cortos: un año, un día, los ciclos biológicos del cuerpo humano, etc. Todo (materia o seres vivos) está sujeto a ciclos. Los seres humanos también están expuestos a muchos ciclos individuales, pero el más importante (desde el punto de vista evolutivo) es: el nacimiento, la vida en un entorno competitivo para que los especímenes se desarrollen lo más posible, la transferencia de la información acumulada a la siguiente generación, la genética a través del ADN y el conocimiento práctico y científico adquirido a través de la educación, y la muerte. Las generaciones y los universos están siguiendo el mismo patrón. Generación tras generación, los seres humanos se vuelven cada vez más desarrollados y sofisticados. Ciclo tras ciclo los universos se vuelven cada vez mejor organizados y producen inteligencias más avanzadas.

Las mega civilizaciones de los ciclos evolutivos anteriores son súper seres, en comparación con nosotros, pero todavía no son capaces de cambiar el proceso global establecido de reproducción y evolución. Nuestro Universo es como una especie de vientre gigantesco que da a luz a mega inteligencias. Tal vez en el futuro habrá otros medios de reproducción y de evolución de los seres inteligentes, pero los principios fundamentales seguirán siendo los mismos, al menos por un tiempo muy largo.

Pero ¿por qué las mega civilizaciones no se presentan?

Porque quieren la descendencia de nuestro Universo, sana, inteligente y competitiva. Las mega civilizaciones también deben jugar sus partidos de competición: también entre ellas debe haber ganadores y perdedores. Al salir de sus universos moribundos, las mega inteligencias no entran en una especie de paraíso, sino más bien en otro mundo competitivo que no tiene piedad cuando se trata de la evolución.

La Primera Guerra Mundial, la Segunda Guerra Mundial, la Guerra Fría, y muchas guerras en el pasado estimularon fuertemente el desarrollo de la ciencia y de la tecnología. Hay suficientes estudios sobre el tema. Lo crea o no, nos guste o no, las guerras son uno de los principales motores de la evolución y del desarrollo de las ciencias y de las tecnologías. Son el grado más alto de la competencia. Pero las guerras no nos gustan, por muy productivas que sean. Queremos vivir en paz y con buena salud durante el mayor tiempo posible (preferiblemente para siempre). Si las poderosas mega civilizaciones se presentasen, les pediríamos que se detengan las guerras, lo que en realidad reduciría el nivel de competencia. Pero esto va en contra de los intereses de las mega inteligencias, porque la evolución se vuelve más lenta, y el producto final del Universo, en realidad la descendencia que todas las mega civilizaciones esperan, se desarrollaría por debajo de las expectativas.

Si las mega civilizaciones superiores se presentan, también les pediríamos que prolonguen nuestra vida. Ellos tienen el *know-how*: los seres humanos podrían vivir miles de años o más, en perfecto estado de salud, no habría cáncer, ni SIDA, ni ataques al corazón ... existen miles de enfermedades que amenazan la vida. Pero por otro lado, una mala salud, numerosas enfermedades, y una esperanza de vida corta, son estímulos poderosos para los seres humanos, para el desarrollo de la medicina, de la ciencia y de la tecnología, que a su vez están acelerando la evolución. Cambiar el modelo evolutivo es un tabú. Debe haber además otras razones similares por las que ellas no visitan civilizaciones como la nuestra de una manera abierta.

En cierta medida, las mega civilizaciones también están guiando la evolución de la inteligencia en el Universo y en otros universos, y están totalmente de acuerdo con lo que ven en la Tierra y en otros planetas: ven numerosas razas cósmicas saludables, que se están desarrollando muy deprisa, tal y como ellas se esperan. Ellas deben estar satisfechas, porque su descendencia será más avanzada en comparación con la progenie del ciclo evolutivo anterior del Universo, al igual que nosotros esperamos que la próxima generación humana esté más desarrollada que la anterior. Estamos haciendo los máximos esfuerzos para asegurar que nuestros hijos reciban una mejor educación, sean más saludables, vivan más tiempo, etc., por lo que van a ser mejores que nosotros en todo.

Tal vez las mega civilizaciones también son guiadas, y podría haber algún tipo de creación y control de múltiples niveles.

Las mega inteligencias no nos van a salvar de los beneficios de la competencia. Beneficios desde su punto de vista que para nosotros sólo son desastres. Ellas no tienen la intención de prolongar nuestra vida (de eso debemos encargarnos nosotros mismos) o de resolver el problema de la pobreza (otro poderoso estímulo), de detener las guerras y los crímenes, etc. La historia del Salvador que todos están esperando es sólo un mito, que nos proporciona esperanza de tiempos mejores. Es contraproducente, ya que si se convierte en una realidad, se frenaría la evolución. Pero el juicio final es una realidad, a la que la humanidad se enfrentará inevitablemente. No todas las civilizaciones cósmicas lo lograrán en el futuro.

Las mega civilizaciones nos están guiando furtivamente, junto con el vector, de una manera muy clandestina, revelándonos su presencia a través de la mitología, las religiones, manifestaciones parapsicológicos, diversos fenómenos, etc. Su objetivo son numerosas especies inteligentes, que se desarrollen lo más deprisa posible.

SI VIS PACEM, PARA BELLUM

Los seres humanos están vivos porque los extraterrestres de nuestro Universo no están aquí, con sus máquinas superiores, sus sondas robóticas autorreplicantes, y con los microbios alienígenas. Con el fin de producir un gran número de civilizaciones cósmicas saludables, el vector las mantiene separadas por las enormes distancias cósmicas. El origen simultáneo de las formas de vida inteligentes y avanzadas en un Universo tan grande en desarrollo, brinda a estas especies la oportunidad para la supervivencia y el progreso.

Cuando naves espaciales tripuladas, potencialmente peligrosas, sondas de Von Neumann, Máquinas de Popoff, o formas de vida extraterrestres, entran en el Sistema Solar, un sistema fiable de defensa cósmica sería una cuestión de vida o muerte.

En una entrevista en CNN, en junio de 2006, Stephen Hawking declaró que el encuentro con la inteligencia extraterrestre sería más como la película *el Día de la Independencia* que como *E.T.* Hay muchas razones para creer en este aviso. Los seres humanos deben saber más acerca de los beneficios y peligros que pueden resultar del contacto con extraterrestres.

El sistema inmune que salva vidas es una red compleja de células, productos celulares, y tejidos que forman células, que interactúan para proteger el cuerpo vivo de los agentes patógenos u otras sustancias extrañas. Destruye las células infectadas o malignas y los elimina. No hay otra manera para que el organismo vivo pueda sobrevivir. Después de que el sistema inmune deja de funcionar, es una cuestión de minutos y el cuerpo comienza a descomponerse.

En un futuro próximo, los seres humanos deben construir un sistema fiable de defensa cósmica, una compleja red fiable, en la que interactúan seres humanos, inteligencias artificiales, software sofisticado, y máquinas, para proteger nuestro hábitat actual, el Sistema Solar, de los agentes patógenos, las formas *cuasi-vivas*, las máquinas inteligentes autorreplicantes y los enjambres de máquinas controladas por inteligencias artificiales, y cualquier forma de vida extraterrestre que pudiera representar una amenaza para la vida terrestre o que cambiara peligrosamente nuestro entorno. No hay otro camino para que la raza humana pueda sobrevivir.

Los viajeros espaciales humanos del futuro, las sondas robóticas terrestres y las máquinas superiores, tropezarían, en su exploración y colonización de la Galaxia, con los sistemas de defensa cósmica de civilizaciones alienígenas, que protegen sus propios hábitats.

Si vis pacem, para bellum es refrán en latín que dice: "Si quieres la paz, prepárate para la guerra."

Si vis pacem, para bellum.

CAPÍTULO 7

EL IDIOMA MUNDIAL

La aldea global es un mundo considerado como el hogar de todas las naciones y personas que viven de forma interdependiente. El término fue introducido por el libro *Guerra y Paz en la Aldea Global*, 1968 por Marshall McLuhan y Quentin Fiore.

Una aldea global requiere de un idioma de trabajo además de las lenguas nacionales. Este debe ser un idioma aceptado por la gente como su propio idioma, no algo impuesto por un Estado imperial. Los niños deben crecer con su lengua materna y el idioma de tra-bajo del mundo. La nueva *lingua franca* debe ser lo más neutra posible.

La inteligencia global terrestre es la capacidad mental de la multitud de los seres vivos inteligentes, inteligencias artificiales, y máquinas superiores que viven de forma interdependiente en el planeta.

La multitud terrestre es en realidad lo que llamamos nuestra civilización, aún muy primitiva, y hasta ahora sólo en la Tierra, y aún carece de la inteligencia artificial y de máquinas de superiores.

MULTITUDES GLOBALES

Mañana nuestra civilización se tendrá que enfrentar a dos grandes desafíos inevitables:

1. Muy pronto se unirán nuevos miembros a la aldea global, la inteligencia artificial y las máquinas de superiores;

2. Estamos entrando en el siguiente nivel de la competencia, los seres humanos tienen que competir con inteligencias extraterrestres de nuestra Galaxia.

El ser humano y la inteligencia artificial van a ser interlocutores y competidores, formando gradualmente la inteligencia global terrestre. Los primeros nuevos miembros semi-intelectuales de nuestra sociedad serán la inteligencia artificial rudimentaria y los robots inferiores (biológicos, semibiológicos y electromecánicos).

Sólo los esfuerzos combinados de la inteligencia humana y de la máquina podrían resistir la presión alienígena. Esta es la única manera para que el *Homo sapiens* pueda sobrevivir y prosperar. Criaturas biológicas con la ayuda de la inteligencia artificial y de las máquinas superiores son mucho más potentes y tienen posibilidades mucho mejores para la supervivencia mutua. Las grandes batallas futuras serán entre las multitudes globales de diversos planetas de origen.

Una lengua global significa una multitud terrestre más fuerte, en un futuro próximo vamos a necesitar toda nuestra fuerza para sobrevivir.

PROBLEMA DE COMUNICACIÓN

Nuestras inteligencias artificiales y máquinas superiores locales, tanto las militares como las civiles (personales, industriales, de investigación, de oficina, etc.), podrían ser muy peligrosas si no se saben manejar, si se utilizan mal, si se entienden mal, o en el caso de fallos técnicos y de programación.

Los robots y las inteligencias artificiales se fabrican en diferentes países y por numerosas empresas de producción. El problema de la comunicación lingüística entre máquina y máquina y entre máquina y ser humano, debe resolverse con éxito. Las máquinas superiores, las inteligencias artificiales, y los humanos deben entenderse entre sí, y, más importante aún, las máquinas deben obedecer correctamente, al menos en dos idiomas: en el local y en la lengua franca de la época. Por ejemplo, hoy en día, un robot japonés debe ser capaz de comunicarse y obedecer en japonés y en inglés. Los operadores y los usuarios deben ser capaces de manejar las máquinas con seguridad en su lengua natural. Esto es extremadamente importante en situaciones críticas. Las máquinas superiores también serán utilizadas por niños, personas enfermas, individuos borrachos, personas que se encuentran bajo la influencia de medicamentos y de drogas, criminales, bromistas, todo tipo de personas estúpidas, etc.

Las primeras víctimas humanas que resultan de errores, mal uso o fallos de la inteligencia artificial y de los robots causarán, un gran alboroto y pondrán, sin duda, el problema de la comunicación en la agenda.

Las inteligencias artificiales y las maquinas superiores pasarán a formar parte del sistema de transporte, equipo de ejército, nuestros hogares, la industria, la salud, etc. Cada año, millones de personas mueren y decenas de millones de personas resultan heridas y se convierten en inválidos a consecuencia de errores y accidentes de transporte, industriales, médicos y en hospitales. La mente de una sola inteligencia artificial podría controlar miles de robots y grandes sistemas de transporte, que son utilizados por millones de personas.

A veces es tan simple como esto: no se ha reconocido correctamente o se ha malinterpretado el comando a la inteligencia artificial o a la máquina superior, porque se había pronunciado mal o de una forma poco clara. Las ordenes del operador en la segunda lengua o en lengua extranjera no son suficientes. A menudo, incluso los nativos, pronuncian mal las palabras o sus comunicados no son claros o adecuados.

Naturalmente, el software de la inteligencia artificial y de las máquinas superiores será infalible, pero nadie puede frenar a los candidatos a los premios Darwin y similares, que se auto-seleccionan a sí mismos, y por desgracia, a muchas otras personas, del *pool* genético terrestre.

Debe haber una lengua común para todas las inteligencias artificiales, máquinas superiores, y la gente, a fin de que todas las personas puedan comunicarse y trabajar de forma segura, independientemente de su lengua materna. Es difícil esperar que un robot en un pequeño país balcánico conozca una lengua africana o asiática poco común, aunque esté conectado a Internet, porque la máquina podría tener dificultades de comprensión de un turista borracho que balbucea en una lengua extraña. En este ejemplo, el turista no recibiría el servicio adecuado, pero en muchos casos, el incidente podría terminar de forma catastrófica.

La adopción de un idioma global y de matrices de software para la comunicación con máquinas e inteligencias artificiales sería un buen comienzo, ya que ofrecería un mejor control y un menor riesgo de empleo erróneo.

El idioma es una herramienta importante para el éxito en la competencia, la cooperación y el progreso, pero también puede matar a la gente.

NINGÚN IDIOMA DURA PARA SIEMPRE

La *lingua franca* del mundo moderno es el Inglés, pero habría que modernizarlo y simplificarlo para que pueda estar entre los principales candidatos para el idioma mundial en un futuro próximo.

La mayoría de la gente da por sentado que el Inglés vaya a ser el idioma mundial, y que perdurará para siempre.

Por ejemplo, este libro está escrito en un idioma Inglés muerto, desde la perspectiva del futuro.

Desde la perspectiva del futuro casi todo está muerto, autores y lectores de libros, el 99 por ciento de las ideas, teorías, hipótesis novedosas y de las grandes culturas también están muertos. *Le Roi est mort, vive le Roi!*

No sabemos cuál será el idioma universal de los seres humanos en los tiempos venideros. Tal vez no habrá una única lengua dominante, sino varias, con una duración de varios cientos o miles de años.

En la Edad Media (del siglo 5 al 15, desde la caída del Imperio Romano hasta el comienzo del Renacimiento), durante el Renacimiento (del siglo 14 al 17), y en la Edad Moderna (hasta el siglo 18), el Inglés, una lengua germánica occidental, llevada a Gran Bretaña por invasores alemanes, fue considerada una lengua poco importante. El Latín fue la "lengua de toda la escritura formal."

Cuando Inglaterra se convirtió en un imperio, su población tenía entre 5 y 8 millones de personas, y en el momento de su colapso había cerca de 40 millones, lo cual no fue suficiente para respaldar a un idioma mundial.

En el escenario mundial, el Inglés como lengua franca es como un principiante. Su dominio no comenzó hasta después de la Segunda Guerra Mundial. Las fuerzas motrices que explican el aumento del Inglés son los EE.UU. e Internet.

Si Internet hubiera existido cuando el latín gobernaba el mundo, latín ahora sería el idioma mundial.

El uso masivo de Internet crea un nuevo fenómeno lingüístico, que está dando fuerza sin precedentes al inglés moderno y lo está convirtiendo en el idioma de la raza humana. Miles de millones de usuarios utilizan el mismo idioma. El inglés ya no es un idioma nacional.

El uso masivo del inglés por miles de millones de personas, inteligencias artificiales y máquinas superiores, va a requerir que se mejore y racionalice el idioma. En un futuro próximo, el idioma mundial se convertirá en una lengua meta, creando nuevas capas de abstracción e incluyendo nuevos elementos de comunicación entre humanos, máquinas e inteligencias artificiales.

Para la gente del futuro, será sólo un idioma regular, para ellos nuestro idioma actual será sólo un artefacto de un pasado primitivo.

"En relación con esto, está el hecho de que nos referimos a la lengua de, por ejemplo, Chaucer (1400), Shakespeare (1600), Thomas Jefferson (1800) y George W. Bush (2000), como 'inglés', pero se puede decir con seguridad, que estos no son mutuamente inteligibles. Shakespeare podría haber sido capaz, con cierta dificultad, para conversar con Chaucer o con Jefferson, pero Jefferson (y ciertamente Bush) necesitaría un intérprete para Chaucer. Los idiomas van cambiando gradualmente con el tiempo, manteniendo la inteligibilidad entre generaciones contiguas, pero finalmente se producen sistemas muy diferentes", escribió Stephen R. Anderson en *¿Cuántos lenguajes hay en el mundo?*.

El resultado de la Segunda Guerra Mundial ha decidido que el lengua se convertiría en el idioma del mundo: el americano o el alemán.

Si los EE.UU., hubieran adoptado la lengua española en el pasado, la lengua mundial ahora sería el español.

Las lenguas alemana, francesa y británica han perdido, la lengua estadounidense ha ganado.

Ahora varios países aprovechan el hecho de que sus lenguas son muy cercanas al idioma de los estadounidenses y de Internet.

Si Alemania no hubiera cometido el fatal error de invadir la Unión Soviética, estaríamos escribiendo ahora en alemán, y el lenguaje de Internet sería también el alemán. La moneda de la reserva mundial sería el marco alemán o el Reichsmark.

A lo largo de la historia humana, hay una gran cantidad de condicionales, pero sólo una realidad.

Los idiomas mundiales vienen y van. El egipcio, sumerio, acadio, latín, inglés (desde la perspectiva del futuro), el sánscrito ... son lenguas muertas, a pesar de que jugaron un papel importante en el momento de su triunfo.

Hoy en día se conocen alrededor de 6.500 a 7.300 idiomas vivos.

Probablemente sólo unos pocos cientos de ellos van a sobrevivir.

Más de la mitad de todas las lenguas de hoy en día, tienen menos de 10.000 hablantes, más de una cuarta parte tiene incluso menos de 1.000 hablantes.

390 lenguas tienen más de 1 millón de hablantes.

Sólo 30 lenguas tienen más de 40 millones de hablantes, lo que se considera uno de los requisitos para una cultura vibrante e independiente.

El inglés se está expandiendo como idioma mundial, pero no como lengua materna. Más de mil millones de personas hablan inglés en todo el mundo, pero sólo alrededor de 375 millones de ellos como primera lengua, y el número no está aumentando de forma significativa. El futuro del inglés está en manos de las personas que lo hablan como segunda lengua, que son dos veces más numerosas que los hablantes nativos de inglés, y su número está aumentando rápidamente. Ellos podrían decidir si adoptan otro idioma como idioma mundial o si reforman el inglés, convirtiéndolo en su idioma de trabajo, pero sin interesarse en lo que los hablantes nativos de inglés piensan sobre ello. Para ellos, el nuevo idioma mundial será únicamente un instrumento conveniente de comunicación.

Los hablantes de segunda lengua de nuestro planeta no necesitan el inglés, sino que necesitan una *lingua franca* y son una mayoría cada vez más grande.

Por otro lado, el reconocimiento de voz en vivo y la traducción automática instantánea van a reducir la influencia del inglés.

El futuro del Inglés se encuentra en manos de los países no pertenecientes al grupo central anglófono.

Existen diferentes enfoques para resolver el problema de la comunicación y para la adopción de un idioma mundial. Una de las formas posibles es, a través de un idioma europeo común.

LENGUA COMÚN EUROPEA

El concepto de una lengua común europea es importante, tanto desde una perspectiva teórica como desde un punto de vista práctico.

Teóricamente, una lengua común es la clave para responder a muchas preguntas acerca de una comunicación efectiva en la Unión Europea, pero en realidad aún no existe una solución satisfactoria al problema.

Desde unos 8000 hasta 5000 años atrás, los europeos hablaban un idioma común, que los estudiosos llaman el protoindoeuropeo.

Comenzando alrededor del año 3000 a.C, los indoeuropeos abandonaron su tierra natal, la zona de la estepa al norte del Mar Negro, y emigraron en una variedad de direcciones. A través de los siglos, la lengua común se ha evolucionado hacia la familia moderna de lenguas indoeuropeas.

Ahora, con la creación, el desarrollo y la ampliación de la UE, los europeos deberían reunir su patrimonio lingüístico y hablar de nuevo una lengua común, además de sus idiomas nacionales.

Las opciones más frecuentes, que se han propuesto para solucionar los cada vez mayores problemas de lenguaje y comunicación en la Unión Europea, son:

1. Todos los idiomas de la UE serán *lingua franca*, una idea que no funciona. En la actualidad hay 27 Estados miembros, y van a ser más de 30 en un futuro próximo.

En 2012, había en la Unión Europea 23 lenguas oficiales y de trabajo: búlgaro, checo, danés, holandés, Inglés, estonio, finlandés, francés, alemán, griego, húngaro, irlandés, italiano, letón, lituano, maltés, polaco, portugués, rumano, eslovaco, esloveno, español, y sueco.

La traducción genuina de lenguas por ordenador ha sido durante décadas uno de los Santos Griales de los diseñadores de software. La traducción por ordenador será muy beneficiosa, pero no puede resolver realmente el problema del idioma.

2. Una lengua neutra, basada en latín o esperanto, o en otra lengua planificada o muerta, será la lengua común. Resulta difícil creer que las instituciones de la UE discutirían seriamente una idea tan poco realista.

3. Una o dos lenguas oficiales de la UE se convertirán en la lengua común, un enfoque realista, pero muy discriminatorio. El uso de una lengua nacional como lengua común podría provocar celos políticos, culturales, y de lenguaje y los nativos tendrían una ventaja injusta. El principal candidato es el inglés, y el francés, más bien como una especie de equilibrador.

Los intentos de convertir los idiomas de los Estados Miembros en idiomas de trabajo de la UE, dará lugar a la imposición del Inglés Americano, que es ahora la lengua común de los europeos, de forma no oficial.

Cerca del 70 por ciento de las comunicaciones entre las instituciones europeas, y entre las instituciones y el mundo exterior, se producen, ya ahora, en Inglés.

Las ventajas del Inglés son muchas. El inglés americano es el idioma más hablado en el mundo. La *lingua franca* de Internet también es el inglés. En Europa, más del 90 por ciento de todas las escuelas y todas las universidades enseñan inglés. El 65 por ciento de los jóvenes europeos no británicos dicen hablar inglés "razonablemente bien".

El inglés es el segundo idioma más importante del mundo.

Pero la imposición del inglés como lengua común europea es inaceptable para la mayoría de los Estados miembros, por muchas razones: sería la lengua de la minoría, impuesta a la mayoría de los ciudadanos europeos. La población de la Unión Europea es superior a 500 millones de personas. La lengua materna más hablada en Europa es el alemán, con cerca de 90 millones de hablantes nativos, seguido por el francés. El italiano e y el inglés comparten el tercer lugar.

Una lengua imparcial, basada en unos pocos idiomas populares sería una opción apropiada.

El vocabulario del inglés moderno es aproximadamente mitad germánico y mitad romance (italiano, francés antiguo, bretón y latín) con elementos nórdicos antiguos y griegos clásicos y abundantes importaciones en ciencia y tecnología de las lenguas muertas, así como considerables adopciones de muchos otros idiomas. Semejante vocabulario hace que el inglés sea un buen candidato.

La gramática relativamente sencilla del inglés también es una ventaja.

Pero la ortografía del inglés es muy difícil e ilógica. Se tarda mucho más tiempo en aprenderla que con sistemas más regulares. Millones de hablantes nativos son analfabetos funcionales, alrededor de 7 millones de adultos británicos y 40 millones de adultos estadounidenses.

Obviamente, esto contradice los importantes objetivos de los estados miembros de la UE como "hacer de Europa la sociedad del conocimiento más competitiva y dinámica del mundo", "libre circulación del conocimiento, investigadores, y tecnología", etc.

Pero una lengua europea común basada en un inglés reformado, con una ortografía y gramática simplificada, sería una excelente elección.

No hay otra lengua común que los europeos pudieran aprender más fácilmente y más deprisa. Este es el camino más corto y más fácil para resolver los problemas de la comunicación y de la lengua.

Hay que aclarar otro punto importante: esta propuesta no tiene la intención de reformar el idioma inglés para los hablantes nativos en el Reino Unido, en los EE.UU., y en otros países, sino que promueve un esfuerzo por encontrar la manera más fácil y efectiva para crear una lengua europea común, como para facilitar una Europa común con una lengua de trabajo común, junto a los idiomas nacionales oficiales. Los hablantes nativos de inglés continuarán utilizando su tradicional pronunciación, ortografía y redacción. Así el inglés británico será una de las lenguas nacionales de Europa, como francés, alemán, español, etc.

En un sistema de escritura ideal coinciden las letras con los sonidos del habla.

Hay 26 letras en el alfabeto latino, pero más de 40 sonidos (fonemas) en el idioma inglés. Los sistemas fonológicos estrictos (un símbolo para cada sonido inglés) tienen algunas alternativas: el uso de un nuevo alfabeto, la añadidura de diacríticos, el tratamiento del caso como significativo, o la adición de símbolos. Estos sistemas se ven muy extraños y son difíciles de leer.

Una ortografía pragmática tiene que ser simple y fácil de leer, utilizando sólo el alfabeto latino existente y evitando los diacríticos y símbolos adicionales.

La ortografía podría simplificarse mediante la fusión de fonemas similares. De esta manera podría reducirse el número de fonemas. Un método adicional es un ligero cambio en la pronunciación de algunas palabras. Esto no sería un problema, porque no hay una pronunciación estándar del inglés y las palabras se pronuncian de forma diferente en Inglaterra, América, Canadá, Australia y Nueva Zelanda.

Muchas lenguas han sido sometidas a una reforma de ortografía.

A continuación se muestra la evolución natural del inglés y el sistema de ortografía propuesto. *La Oración del Señor*, también conocida como el *Padre Nuestro* o el *Pater noster* es probablemente el texto más conocido a lo largo de los tiempos.

Inglés Antiguo, hacia el año 1000:
Fæder ure þuþe eart on heofonum
si þin nama gehalgod
tobecume þin rice
gewurþe þin willa
on eorðan swa swa on heofonum
urne gedæghwamlican hlaf syle us to dæg
and forgyf us ure gyltas
swa swa we forgyfað urum gyltendum
and ne gelæd þu us on costnunge
ac alys us of yfele soþlice.

Inglés Medio, Biblia de John Wycliffe, año 1384
Oure fadir þat art in heuenes halwid be þi name;
þi reume or kyngdom come to be.
Be þi wille don in herþe as it is doun in heuene.
yeue to us today oure eche dayes bred.
And foryeue to us oure dettis þat is oure synnys as we
oryeuen to oure dettouris þat is to men þat han synned
in us.
And lede us not into temptacion but delyuere us from
euyl.

Inglé Moderno:
Our Father in heaven, hallowed be your name,
May your kingdom come,
May your will be done, as in heaven, so on earth.
Give us today our daily bread.
And forgive us our debts, as we also have forgiven
our debtors.
And lead us not into temptation, but deliver us from
the evil one,
for yours is the kingdom and the power and the glory
forever. Amen.

Ejemplo de la ortografía propuesta:
Auwr fadwr in hevwn, haloud bi iuwr neim,
Mei iuwr kingdwm kam,

Mei iuwr uil bi dan, az in hevwn, so on wrf.

Giv ws tudei auwr deili bred,

Ent forgiv ws auwr dets, az vi olso hav forgivwn auwr detwrs.

Ent liid ws not intu tempteishwn, bwt delivwr ws from dw ivwl uan,

for iuwrs iz dw kingdwm ent dw pauwr ent dw glori forevwr. Amen.

Por supuesto, la ortografía de las palabras podría ser diferente a la de este texto de ejemplo, pero tendría que ser fonémica.

Crear un nuevo diccionario requiere un montón de trabajo, pero gran parte de ello se llevaría a cabo por ordenadores, reduciendo significativamente el tiempo y el costo.

Un software sencillo podría convertir textos de ortografía tradicional a la europea, y viceversa. De esta manera los hablantes nativos de inglés podrían usar fácilmente la lengua europea.

Un corrector ortográfico corregirá fácilmente los errores iniciales al utilizar la lengua europea.

El uso masivo de la lengua europea como lengua de trabajo por 500 millones de hablantes, la cambiará, sin duda. Las palabras y las frases de las lenguas nacionales encontrarán su camino hacia la lengua europea. Las lenguas siempre han crecido y se han adaptado al entrar en contacto con diversas culturas.

La lengua europea de trabajo desarrollará su propio vocabulario y gramática y se convertirá en un idioma diferente, pero aún estrechamente relacionado con el inglés británico y americano.

Los europeos podrían utilizar tres idiomas en la educación: el primer idioma, su lengua materna, el segundo idioma, la lengua europea propuesta. El tercero sería opcional: una lengua extranjera de uno de los Estados miembros, o ruso, japonés, árabe, mandarín (a menudo denominado como chino), etc., o una de las grandes lenguas muertas como el latín.

A menudo se confunden los términos "lengua oficial" y "lengua de trabajo". Las lenguas nacionales europeas deben permanecer lenguas oficiales de la UE, y la lengua europea propuesta podría ser la lengua de trabajo de la unión.

Los ciudadanos de la UE deben tener derecho a dirigirse con su correspondencia a todos los organismos o servicios oficiales de la Unión Europea en su lengua nacional y a recibir una contestación en esa misma lengua.

Todas las decisiones oficiales tomadas por la Unión Europea (leyes, reglamentos, directivas, recomendaciones, normas judiciales, etc.) y los debates importantes también deberían publicarse en las lenguas oficiales de la Unión.

Esta propuesta de una lengua común europea ofrece la solución más práctica y efectiva a los problemas de comunicación y de idioma de la UE, porque:

garantiza la diversidad lingüística, política y cultural; todas las lenguas nacionales oficiales y los ciudadanos son tratados de la misma manera;

proporciona eficiencia en la educación y en la comunicación;

tiene una ortografía estrictamente fonética y una gramática sencilla;

es la manera más rápida, más fácil y más barata para resolver los problemas de idioma y de comunicación;

garantiza el aprendizaje fácil y rápido del inglés, debido a que ambos idiomas estarían emparentados;

garantiza la igualdad de la comunicación y no proporciona ventajas a los hablantes nativos;

reduce en gran medida los costes de traducción;

facilita la cohesión política, económica y cultural de la Unión Europea;

es un excelente candidato para el idioma mundial.

CAPÍTULO 8

INVASIÓN ALIENÍGENA &
MITO DEL DÍA DE LA INDEPENDENCIA

Él tiene un hijo de diez años de edad, que se dispone a decirle lo que al público de Broadway le va a gustar o no le va a gustar. Él dice que la edad mental es aproximadamente la misma.
— *Cyril and the Broadway Musical*,
Jeeves and Wooster, serie de comedia británica

Supongamos que algunos extraterrestres superiores no son malos. No invaden la Tierra y no matan a la gente con armas de alta tecnología. Varias naves extraterrestres entran en el Sistema Solar, y la fuerza de trabajo robótica de la civilización extraterrestre comienza a construir bases subterráneas y fábricas, infraestructura y puertos espaciales en la Luna y en Marte, coloca estaciones espaciales en sus órbitas, y comienza a producir grandes cantidades de todo tipo de equipos, máquinas, robots, sondas, naves espaciales, y combustibles.

Los humanos tratan desesperadamente de comunicarse con ellos con el fin de obtener algunas respuestas vitales. Sin embargo, no hay respuesta a nuestros intentos de contacto. A los seres humanos simplemente se les está ignorando.

Los alienígenas no son malos y no nos están atacando, sólo necesitan puertos espaciales para sus planes de colonización y de exploración en esta parte de la Galaxia: lo que significa torres de control de tráfico, un centro de control espacial responsable del control de las naves espaciales en el Sistema Solar y en la Galaxia, radares, sistemas de comunicación, hangares, servicios de emergencia, instalaciones de pasajeros, un poderoso sistema de defensa contra las sofisticadas amenazas militares y naturales, estaciones de servicio técnico para naves espaciales, instalaciones de terminales de carga, plantas de energía, reparación de estaciones de naves espaciales, tripulación de mantenimiento robótica, etc. Los *Ricitos de Oro* Luna y Marte son muy convenientes, en parte debido a que todavía no están habitados por razas locales o extraterrestres, y no están colonizados por las máquinas superiores robóticas de la Tierra o de otras civilizaciones. Los extraterrestres, en cualquier caso, no nos amenazan directamente, por el momento. ¿Vamos a atacarlos? ¿Hay que atacarlos? ¿Por qué deberíamos atacarlos, ya que no son una amenaza inminente para nosotros? ¿Sólo porque no nos sentimos cómodos y seguros al tener una civilización súper avanzada cerca que nos podría destruir en cualquier momento? Ellos no están invadiendo la Tierra, sólo están colonizando Marte, la Luna, y la Galaxia de forma pacífica.

¿Puede la civilización humana protegerse contra las visitas o agresiones extraterrestres no deseadas (y posiblemente peligrosas)? ¿Se puede controlar el acceso al Sistema Solar? ¿Podemos proteger "nuestra" Luna, "nuestro" Marte, y "nuestro" Sistema Solar? Nosotros necesitamos la Luna, Marte y otros cuerpos espaciales del Sistema Solar para nuestra propia colonización del espacio y para construir un sistema de defensa cósmica, para aumentar de esa manera las posibilidades de supervivencia de la humanidad. Sin ellos, estamos arraigados en la Tierra y no podemos sobrevivir. Bases alienígenas en Marte, en la Luna, y en los otros cuerpos espaciales son una potencial amenaza constante de un ataque rápido y mortal contra la Tierra. Seríamos comparables a unos patitos sentaditos.

¿Poseemos la capacidad científica, tecnológica y militar para proteger a los seres humanos y nuestro hábitat, el Sistema Solar?

¡No!

La respuesta inevitablemente es, ¡no!

Los extraterrestres capaces de cruzar el espacio interestelar deben estar miles de años por delante de nuestra ciencia y tecnología. No estamos en condiciones de vencerlos. Podrían ocupar fácilmente la Tierra o aniquilar a todos los humanos, o colonizar todos los cuerpos espaciales del Sistema Solar.

En las películas de invasiones extraterrestres y en novelas de ciencia ficción, los seres humanos derrotan a los invasores alienígenas con valentía. Es muy ingenuo creer semejante tontería. Sólo civilizaciones iguales o más fuertes podrían superar los ataques de civilizaciones que viajan por las estrellas.

El ejército del Imperio Romano conquistó una gran parte del mundo civilizado con armas superiores a las habituales de su tiempo y con una estrategia militar ingeniosa. Fue una de las mayores fuerzas armadas de la historia humana.

La artillería romana lanzó grandes rocas, pernos y balones de fuego. La Armada convirtió el Mediterráneo, en gran medida, en un pacífico "lago romano", que los romanos llamaron *Mare Nostrum*, "Nuestro Mar". El equipo básico de los soldados incluía una espada, lanzas, dardos, casco, armadura y escudo. Los soldados romanos no solían utilizar mucho el arco. Utilizaban jabalinas y dardos. Los *Sagittarii* (arqueros) eran unidades auxiliares de infantería o de caballería. El ejército romano solía contratar tribus, a menudo montadas a caballo, y eran conocidas por ser buenos arqueros.

Pero, ¿podría el destacado *Exercitus Romanorum* (el ejército del Imperio Romano) derrotar a un ejército moderno? ¡De ninguna manera! Ni siquiera durante su apogeo en el año 117 d.C., cuando el imperio tenía una población de aproximadamente 65 millones de personas, no importa lo valiente o lo ingeniosos que fueran.

Los científicos romanos no podían ni siquiera imaginar las armas de los ejércitos actuales. No tenían la menor noción de las bombas nucleares, que podrían destruir a todos los humanos en la Tierra. Los eruditos romanos no tenían la menor idea de radios, radares, comunicaciones de radio por satélite, satélites de observación, rifles militares comunes, pistolas, ametralladoras, artillería moderna, tanques, helicópteros, aviones, misiles, submarinos nucleares y regulares que pueden permanecer bajo el agua durante meses y cruzar océanos... La lista de todas las armas modernas disponibles es muy larga.

Análogamente, nosotros no podemos ni siquiera imaginar las armas y el poder de una civilización alienígena que está 2.000 años por delante de nosotros, sobre todo teniendo en cuenta el desarrollo exponencial de la ciencia moderna y de la tecnología. No tenemos absolutamente ninguna idea sobre las armas del futuro, que podrían destruir todo el Sistema Solar o solamente la vida en su interior, en cuestión de minutos, o que podrían controlar a todos los seres humanos, incluso sin que lo sepamos.

La diferencia de tiempo entre el Imperio Romano y nuestra civilización es menos de 2.000 años, y los romanos no tendría ninguna posibilidad de derrotar o defenderse contra un ejército moderno.

Pero ¿y si la diferencia tecnológica no es de 2.000 años, sino mucho más pequeña, digamos tan sólo de 27 años. Es una diferencia menor. ¿Tenemos posibilidades si un ejército alienígena hipotéticamente sólo está 27 años por delante de nosotros? La respuesta, de nuevo, es ¡NO!

La Primera Guerra Mundial terminó en 1918. La Segunda Guerra Mundial terminó en 1945. La diferencia del tiempo tecnológico es de 27 años.

¿Podrían los ejércitos de la Primera Guerra Mundial vencer las fuerzas armadas de la Segunda Guerra Mundial?

Vamos a comparar los dos ejércitos, separados por un período de tan sólo 27 años.

Voy a comenzar con la aviación militar porque los amos del cielo ganarían la guerra. ¡Domina los aires y dominarás la tierra!

La mayoría de los aviones de la Primera Guerra Mundial eran biplanos construidos con marcos de madera cubiertos de tela. El alemán Junkers J 1, construido en 1915, fue el primer avión funcional, totalmente metálico del mundo, pero nunca se ha utilizado en el frente. El avión era capaz de alcanzar una velocidad máxima de 170 km / h (106 mph).

La velocidad máxima de los aviones más rápidos de la Primera Guerra Mundial fue de 160 km / h (100 mph) y 225 km / h (140 mph).

La velocidad de los aviones más rápidos de la Segunda Guerra Mundial fue mucho más alta, entre 800 km / h (500 mph) y 1000 km / h (600 mph). El Messerschmitt Me 163 *testpilot* alcanzó en 1944 los 1.123 km / h (698 mph).

El Messerschmitt Me 262 fue el primer avión jet de combate operativo del mundo. La producción en serie del avión comenzó en 1944. Velocidad máxima: 900 km / h (559 mph). Altitud de vuelo: 11.450 m (37.565 pies). El avión de combate estaba muy bien armado: cuatro cañones de 30 mm, 24 cohetes antiaéreos, 2 bombas x 250 kg (550 lb) o 2 x 500 kg (1100 libras).

El Messerschmitt Me 262 fue mucho más rápido y mejor armado, comparado con los cazas aliados.

El caza nocturno de dos plazas también estaba equipado con un radar de intercepción aérea.

El Messerschmitt Me 262 fue un excelente interceptor de bombarderos diurnos y nocturnos con poderoso armamento. La ventaja de velocidad del jet era tan grande que podía interceptar y destruir con facilidad los bombarderos pesados de los aliados, haciendo caso omiso de sus enjambres mucho más lentos de cazas de escolta con motores de pistón, y las ametralladoras de los bombarderos.

Cada uno de los 24 cohetes antiaéreos fue provisto de suficiente combustible para ser disparado desde 1000 m, por lo que el avión podía quedarse fuera del alcance de los cañones defensivos de los bombarderos.

Los alemanes utilizaron los primeros jets de combate en la Segunda Guerra Mundial. Sin embargo, el Messerschmitt Me 262 y otras armas de alta tecnología de la época se desarrollaron demasiado tarde para cambiar el curso de la guerra.

El bombardero B-29 de La Segunda Guerra Mundial, producido por la compañía aerospacial Boeing, fue el primer bombardero pesado de largo alcance empleado por los Estados Unidos. El desarrollo clave para el bombardeo de Japón fue el B-29 Superfortress, que tenía un rango operacional de 2.400 km hasta 2.900 km (1.500 millas hasta 1.800 millas), a una velocidad de hasta 563 km / h (350 mph). Casi el 90 por ciento de las bombas (147.000 toneladas) y las dos bombas atómicas lanzadas sobre Japón fueron lanzadas por este tipo de bombardero con cabina presurizada. Armamento: diez ametralladoras de calibre .50 (12,7 mm) en torretas de control remoto y 9.000 kg de bombas. Disponía de sofisticados equipos de radio y de radar.

La altitud de vuelo del bombardero B-29 fue de 10.000 m (31.850 pies). Los aviones de combate de la Primera Guerra Mundial tenían una altitud de vuelo máxima de hasta 7.000 m. No podían alcanzar al B-29. Tampoco lo podían los fuegos antiaéreos.

El B-29 podía bombardear objetivos enemigos día y noche con una gran precisión.

Entre 1939 y 1945, los aliados tiraron 3,4 millones de toneladas de bombas.

El B-29 utilizaba el visor de bombardeo Norden. La *Luftwaffe* utilizaba visores de bombardeo similares (*Lotfernrohr* 7) pero eran mucho más sencillos de manejar y de mantener. Los visores de bombardeo de la Segunda Guerra Mundial permitían bombardeos de precisión a gran altitud, por encima del rango de los fuegos antiaéreos.

El ejército de la Primera Guerra Mundial también tenía sus bombarderos pesados.

Caproni era un bombardero pesado trimotor italiano de la Primera Guerra Mundial. Armamento: 4 a 8 ametralladoras, 1.450 kg de bombas. Velocidad 126 km / h (78 mph). Fue el bombardero más eficaz de la Primera Guerra Mundial, a excepción de los aviones rusos Illya Mouromets.

La serie de aeronaves Illya Mouromets se basaba en el Russky Vityaz (Le Grand), que fue el primer avión cuatrimotor del mundo. Fue diseñado por el pionero de la aviación Igor Sikorsky, que también diseñó el R-4, el primer helicóptero del mundo producido en serie, en 1942. En ese momento él era un ciudadano naturalizado en los Estados Unidos.

El Illya Mouromets apareció en 1913 como un avión grande, lujoso. La cabina de pasajeros totalmente acristalada estuvo aislada y tenía grandes sillones de mimbre, un salón, un dormitorio, e incluso el primer retrete aéreo. También tenía calefacción: dos tubos de escape del motor con radiadores que atravesaban la cabina. La iluminación eléctrica fue proporcionada por un generador impulsado por el viento.

Las aberturas en ambos lados de la aeronave permitían a los mecánicos trepar hacia fuera, sobre las alas, para dar servicio a los motores durante el vuelo.

En 1914, el Illya Mouromets viajó con 16 pasajeros y un perro a bordo, con 1.290 kg, un récord con respecto al número de pasajeros y al peso. El mismo año se estableció un récord mundial, realizando un viaje de San Petersburgo a Kiev, de una distancia de unos 1.200 km, y la vuelta a San Petersburgo.

En la Primera Guerra Mundial, Sykorsky rediseñó la aeronave y construyó una variante de bombardero pesado con cuatro motores. Fue construida con marcos de madera cubiertos con tela. El avión podía penetrar profundamente en el territorio enemigo y lanzar una gran cantidad de bombas. Armamento: varios números y combinaciones de diferentes ametralladoras, cohetes, y hasta 656 kg de bombas. Velocidad máxima 110 km / h (68 mph). Altitud de vuelo 3.000 m (9.840 pies). La efectividad del lanzamiento de bombas alcanzó el 90 por ciento.

El Mouromets fue una maravilla tecnológica de su tiempo, pero no fue rival para los bombarderos 27 años más tarde.

El avión de la Segunda Guerra Mundial fue mucho más rápido, tenía radares y sofisticados sistemas de comunicación por radio, y estaban mucho mejor armados que los aviones de la Primera Guerra Mundial. La artillería antiaérea del ejército de la Primera Guerra Mundial estaba en su infancia y tenía problemas incluso con los lentos aviones de la Primera Guerra Mundial, y los fuegos antiaéreos no tenían radares. Incluso los fuegos antiaéreos más sofisticados de la Segunda Guerra Mundial no fueron capaces de impedir que los atacantes convirtieran Europa, Japón y parte de la Unión Soviética en ruinas.

El rango operacional de los aviones de la Segunda Guerra Mundial era enorme, en comparación con los aviones de la Primera Guerra Mundial.

Los aviones de la Segunda Guerra Mundial y los cohetes tendrían la supremacía aérea, y destruirían con facilidad todos los aviones del ejército de la Primera Guerra Mundial. Sin la protección del aire, el ejército de la Primera Guerra Mundial está condenado, porque los bombarderos lanzarían millones de toneladas de bombas, aniquilando a tropas, tanques, trincheras, búnkeres, fortificaciones, vehículos, artillería y ciudades.

El éxito inicial alemán de la *Blitzkrieg* (guerra relámpago) se debió a que los tanques fueron apoyados desde el aire por aviones, bombarderos y cazas.

El tanque ruso T-34 fue diseñado para que su producción en masa, reparación y mantenimiento fuera fácil. Fue rápido, resistente, y fácil de manejar. El cañón del T-34 con munición antitanque podía penetrar cualquier tanque con facilidad y, por supuesto, todos los tanques y vehículos blindados de la Primera Guerra Mundial.

El V-2 alemán, o A-4 de la serie de cohetes *Aggregat*, diseñado por Wernher von Braun fue el primer misil balístico y el primer avión para entrar en el espacio exterior. Velocidad: 5,760 km / h (3,580 mph). Rango operacional: 320 kms (200 millas). Ojiva: 1000 kg (2200 libras) Amatol.

En un solo ataque con V-2, en diciembre de 1944, cuando fue golpeado el techo de un cine lleno de gente, murieron 567 personas y 291 resultaron heridas.

Una reconstrucción científica llevada a cabo en 2010 para el programa de "*Blitz Street*", una serie documental sobre la vida en Inglaterra durante la Segunda Guerra Mundial, demostró que el V-2 crea un cráter de 20 m de ancho y 8 m de profundidad, lanzando cerca de 3000 toneladas de material al aire.

El lanzamiento de V-2 desde submarinos fue probado con éxito justo antes del final de la guerra. El misil balístico lanzado desde un submarino tenía la intención de atacar a Estados Unidos.

Los componentes del cohete A10 fueron probados con éxito al final de la Segunda Guerra Mundial. Este misil balístico podría atacar objetivos en territorio de Estados Unidos desde sitios de lanzamiento en Europa.

Von Braun mostró el diseño del A11 a oficiales de EE.UU. en Garmisch-Partenkirchen. Estaría en condiciones de colocar una carga útil de 300 kg (660 lb) en la órbita de la Tierra.

Otra arma temible de la Segunda Guerra Mundial fue el lanzacohetes múltiple ruso, Katyusha, que tenía la capacidad de lanzar una cantidad devastadora de explosivos a una zona objetivo en cuestión de segundos.

Los soldados enemigos de la zona objetivo que no estaban muertos o heridos, no estaban en condiciones de luchar por encontrarse temporalmente sordos y totalmente aturdidos por el inmenso sonido del bombardeo. Los efectos de las explosiones eran tanto físicas como psicológicas, e hicieron que las salvas de Katyusha fueran muy eficaces contra la infantería y los vehículos ligeros. Las múltiples baterías lanzacohetes, a menudo fueron amontonadas para crear un efecto de choque máximo en los soldados, rebajando así la moral del ejército alemán.

Y finalmente, la última arma de la Segunda Guerra Mundial: la bomba atómica, una apoteosis de ciencia, tecnología, destrucción y terror, y una amenaza constante de la extinción humana.

Sin duda, los ejércitos de la Primera Guerra Mundial no serían capaces de derrotar a los ejércitos la Segunda Guerra Mundial. No habría necesidad alguna para que el ejército de la Segunda Guerra Mundial utilizara todo su poder militar para derrotar al ejército anterior.

Pero, ¿cómo se consiguió este inmenso avance tecnológico entre las dos guerras? ¿Se debe a que la situación económica y política haya sido un factor estimulante?

En la Primera Guerra Mundial, el número de muertes entre militares y civiles era de 17 millones, mientras que 20 millones de personas resultaron heridas.

La pandemia de gripe de 1918 se extendió rápidamente por Europa y América. Muchas personas ya estaban debilitadas por la guerra y el hambre. Entre 20 y 50 millones de personas murieron de esa enfermedad. La mayoría de las víctimas eran adultos jóvenes.

El período después de la guerra fue muy duro. No tenía nada que ver con el estilo de vida ficticio e idealizado entre las dos guerras, tal y como lo mostraba el programa de televisión de Jeeves and Wooster.

Europa estaba en ruinas y fragmentada.

Los imperios europeos cayeron uno por uno. Se perdieron colonias, dominios, poblaciones, y ganancias. Europa perdió su talismán.

Como resultado de la guerra, el Centro Financiero Mundial pasó de Europa a los Estados Unidos.

Europa perdió la Primera Guerra Mundial

Los Estados europeos estaban enojados unos con otros y querían venganza.

El desempleo era terrible.

La Gran Depresión, que comenzó en los EE.UU., tuvo un efecto dominó en todo el mundo, empeorando aún más la terrible situación económica europea.

Europa tuvo que reconstruirse en esta grave situación de posguerra y tratar de competir con el resto del mundo.

Después de la guerra, el trabajador estadounidense producía dos veces más que el trabajador europeo, en parte debido a una mejor tecnología, que permitía la venta de productos estadounidenses a precios más bajos.

Alemania se vio especialmente afectada, ya que se vio obligada a pagar enormes indemnizaciones fijadas por los Aliados vencedores, Francia, Gran Bretaña y Estados Unidos, como compensación y castigo por la Primera Guerra Mundial.

La suma inicial acordada por los daños de la guerra ascendía a 226 mil millones de *Reichsmark* de oro, el equivalente a cerca de 100.000 toneladas de oro puro. Todo el oro extraído en la historia humana se estima en 165.000 toneladas.

La suma fue reducida a 132 mil millones de marcos.

En el año 2010, 92 años después del fin de las hostilidades, Alemania realizó el último pago de sus indemnizaciones de la Primera Guerra Mundial.

La hiperinflación se extendió por toda Alemania. En 1921, un dólar estadounidense equivalía más o menos a 64 marcos alemanes. Dos años más tarde, hacían falta

4,2 billones de marcos para igualar un dólar estadounidense.

Después de la guerra, Alemania imprimió una gran cantidad de papel moneda, provocando una grave inflación.

En 1929, se derrumbó el mercado de valores estadounidense. Como resultado, las economías europeas, que dependían de los prestamistas estadounidenses, se encontraron sin dinero.

La Gran Depresión golpeó América y Europa con severidad.

En Alemania, desde mediados de 1922 hasta mediados de 1923, los precios aumentaron en más de 100 veces. El precio de los alimentos fue 135 veces más alto.

Los salarios se pagaban diariamente o varias veces al día, y la gente debía salir inmediatamente a gastar el dinero antes de que perdiera valor. Erich Maria Remarque escribió en su novela *El Obelisco Negro*:

"Los obreros ahora reciben su paga dos veces al día, por la mañana y por la tarde, con un descanso de media hora cada vez, para que puedan salir corriendo a comprar cosas, pues si esperasen un par de horas, el valor de su dinero caería tanto, que sus hijos no tendrían la mitad de la comida necesaria para sentirse satisfechos".

En noviembre de 1923, la hiperinflación fue tan grave que una barra de pan costaba 3 mil millones de marcos. El Tesoro alemán imprimió billetes de un billón de marcos. Uno necesitaba tres de ellos a pagar una barra. Sin embargo, si uno tenía que pagar con billetes de menor denominación o con billetes más antiguos, incluso con billetes de 1.000 marcos, se necesitaba una carretilla para transportar 3 millones de billetes.

En la década de 1920, algunos estadounidenses se trasladaron de los Estados Unidos a Europa, porque la vida era barata, especialmente el alcohol y las chicas, efectos comunes después de las guerras y el colapso económico.

La mayoría de los expatriados estadounidenses se congregaron en París.

Une génération perdue.

El término se originó con un dueño de garaje de París, que explicaba las habilidades insatisfactorios de un joven mecánico de coches de unos veinte años, que había pasado por la Primera Guerra Mundial en un momento de su vida cuando los jóvenes normalmente reciben formación profesional. El dueño del taller consideró que al mecánico *une génération perdue*.

El término *generación perdida* fue popularizado por Ernest Hemingway, uno de los patrocinadores y ponentes de la generación de expatriados de la posguerra americana.

A pesar de los momentos difíciles después de la Primera Guerra Mundial, la ciencia y la tecnología continuaron avanzando. Fueron sobreestimuladas en la Segunda Guerra Mundial, cuando los Estados tuvieron que invertir enormes esfuerzos y finanzas en el desarrollo de la ciencia y tecnología para aplicaciones militares con el fin de ganar la guerra.

Un ejército o un civilización con una tecnología avanzada puede derrotar fácilmente a enemigos que se encuentran en un nivel de desarrollo tecnológico más temprano.

Si usted ve una película en la que los seres humanos derrotan a un ejército alienígena tecnológicamente avanzado y capaz de realizar viajes interestelares, ¡busque los errores científicos, hay muchos de ellos!

La locura de la invasión alienígena comenzó con la novela *La Guerra de los Mundos* de HG Wells. Invasores cósmicos llegaron desde Marte a conquistar la Tierra ... ¡desnudos! Los astronautas con tentáculos ficticios respiraban con valentía el aire terrestre y no sabían nada de microbios.

Según la mayoría de los escritores de ciencia ficción, la mayoría de los planetas están habitados por nudistas tarados. En muchas novelas y películas, los extraterrestres están desnudos.

En *El Día de la Independencia*, el capitán Hiller (Will Smith) arrastra a un alienígena desnudo de un avión extraterrestre estrellado por del desierto. ¿Cómo? ¿Era eso un traje biomecánico de protección que sólo daba la apariencia de una repugnante criatura desnuda? Obviamente, el *biotraje* no tenía ningún valor protector porque el valiente piloto derribó al invasor extraterrestre con un solo puñetazo y el guerrero extraterrestre, en forma de pulpo, permaneció inconsciente durante varias horas.

En este caso particular, la idea de una simbiosis entre los alienígenas y los resistentes ropajes vivos no resultó muy productiva.

¿Por qué debe proteger una criatura su frágil cuerpo con otro cuerpo biomecánico (incluso si este es menos frágil), cuando hay materiales de increíblemente mejor protección, muy superiores a los materiales vivos?

Un cuerpo frágil, oculto en el interior de un cuerpo biológico más resistente, es un tipo de vida simbiótica con pantalones y chaqueta vivos, pezuñas, y un montón de tentáculos. En realidad, los extraterrestres están desnudos, dado que el cuerpo secundario viviente no está protegido por ningún traje o ropa ambiental.

El uso de un traje espacial no es un asunto de vergüenza, moral, o de moda, sino que es para proteger el frágil cuerpo biológico de los peligros ambientales, microorganismos dañinos (como los priones, hongos, bacterias, virus), gases, ataques armados, golpes, radiaciones, rayos cósmicos, temperaturas extremas, el vacío cósmico, diferente presión atmosférica, los cambios bruscos de presión en la atmósfera, la falta de aire para respirar, líquidos y vapores nocivos, fuego, fuerzas G, etc.

¿Cómo reaccionaría el cuerpo biológico sin protección al vacío del espacio exterior? Según la NASA, la teoría predice y experimentos con animales confirman, que la criatura muere, después de uno o dos minutos. El traje biomecánico también debe estar muerto.

¿Qué pasaría con una criatura desnuda (un invasor vicioso o un turista loco) en un planeta como Venus, si no fuera una venusina nativa? Es muy sencillo: moriría a los pocos segundos.

La presión atmosférica de Venus es muy alta, 93 bar, y el cuerpo biológico se marchitaría casi al instante, no le daría tiempo para tomar una respiración única del mortal y ardiente aire de dióxido de carbono y dióxido de azufre. Durante el marchitamiento, los restos biológicos se incendiarían, dado que la temperatura es de 462°C (863.6 grados de Fahrenheit). Las cenizas comenzarían a disolverse en el ácido sulfúrico.

Las naves espaciales de combate están sometidas a dramáticas aceleraciones y desaceleraciones, y sin un traje espacial de protección especial, las criaturas morirían o, al menos, no serían capaces de pilotar la nave de combate o de luchar. La circulación de la sangre se ve afectada, dado que el corazón tiene que trabajar mucho más duro para bombear la sangre por el cuerpo. La circulación tan deteriorada conduce a la muerte o a la atenuación o pérdida de conciencia, ya que el corazón ya no puede bombear más sangre al cerebro. Los trajes anti-G son una norma para sobrevivir en un avión militar.

La ropa es para los combatientes también una manera de llevar encima armas, instrumentos, dispositivos de comunicación, medicina, comida, objetos personales, etc., que son vitales para la supervivencia en un entorno alienígena hostil.

Uno podría preguntarse en qué cavidad de su cuerpo desnudo, podría un alienígena sacar un arma, un destornillador, o una galleta.

Los trajes espaciales están cubiertos con un montón de bolsillos y velcro, para ayudar a los astronautas a guardar todo aquello con lo que están trabajando cerca de ellos mismos, ya que en la ingravidez cualquier cosa se puede alejar flotando.

Los astronautas y el personal militar también están equipados con kits de supervivencia: un paquete de herramientas y suministros básicos, como ayuda a la supervivencia en caso de emergencia.

Los pilotos están entre los luchadores más caros. Los ejércitos hacen grandes esfuerzos para mantenerlos sanos y salvos, y jamás les enviarían a una batalla sin protección, y en ningún caso desnudos. Sólo la formación de un piloto militar cuesta entre 1 y 2 millones de dólares. A ese costo hay que sumar salarios, seguros, vivienda, horas regulares de formación, etc.

El ejército necesita decenas de miles de pilotos.

Durante la Segunda Guerra Mundial, los Estados Unidos fabricaron cerca de 296.000 aviones militares, la Unión Soviética 120.000, Alemania, 104.000, e Inglaterra102.600. Todos estos aviones necesitan pilotos cualificados.

Para los invasores extraterrestres, somos alienígenas y la Tierra es un ambiente alienígena peligroso. Ellos no pueden comer nuestra comida, beber nuestra agua, respirar nuestro aire, o caminar sin protección.

No hay manera para las criaturas sapientes de participar en una batalla o de caminar desnudas sobre planetas alienígenas.

pero

Los valientes terrícolas de las películas, ganaron una vez más la batalla contra la Federación de los Tarados Desnudos con Súper Naves Espaciales.

Lo siento, si le estoy decepcionando, pero los seres humanos no tienen absolutamente ninguna posibilidad de sobrevivir a un ataque de una civilización extraterrestre avanzada. Hemos sobrevivido hasta ahora porque estamos habitando un ambiente protegido que está custodiado por una mega civilización.

Sólo somos equivalentes a nuestras civilizaciones de igual condición, que están emergiendo ahora en el Universo, tal y como somos.

Los escritores y cineastas se sirven de las formas más primitivas de los miedos humanos. Las naves espaciales son peligrosamente grandes, los alienígenas empuñan armas enormes, y tienen a su lado robots gigantes, repugnantes y malhumorados. Los invasores alienígenas usan unas bolas colosales, voladoras, amenazantes, metálicas, giratorias y brillantes, diseñadas para destruir todo en su camino, conocidas como "*Shredders*". Las máquinas de batalla alienígenas, se asemejan más a criaturas chirriantes, medio metálicas y mitad animales de una pesadilla, que a las armas reales del futuro.

En realidad, no hay necesidad de estos gigantescos barcos de guerra, ni siquiera para un ejército de cientos, miles o millones de ellos. Sólo uno, tan grande como un autobús, sería suficiente.

Vamos a iniciar una imaginaria guerra cósmica a pequeña escala contra la Tierra. Una pequeña sonda del tamaño de un autobús escolar entra en el Sistema Solar, aterriza en la Luna o en Marte, y comienza a producir un montón de pequeñas sondas, a partir de materiales locales, que luego son lanzadas a la órbita alrededor de la Luna o de Marte, y luego se envían a la Tierra, donde aterrizan en regiones despobladas y se insertan en el suelo. Las sondas comienzan a producir grandes cantidades de máquinas pequeñas que se dispersan por todo el mundo y fabrican furtivamente un ejército robótico alienígena completo. La fuerza robótica alienígena participará en una guerra contra los humanos, pero en primer lugar, dañarán en secreto todas las instalaciones industriales y militares vitales y todas las armas de gran alcance como los misiles nucleares, armas nucleares, etc. Este escenario es apto para una película. Yo ya estoy vendiendo el guión. El problema con este escenario es que no habrá batallas espectaculares entre los humanos y los extraterrestres con robots de combate extraterrestres, enormes aeronaves que vuelan, etc. Estos son los detalles de la película. Si nos atenemos a la realidad, los extraterrestres simplemente aniquilarían a los seres humanos. Creo que ese no es el guión que los magnates del cine quisieran comprar, o lo que el espectador desearía ver.

Además, no hay absolutamente ninguna necesidad para los extraterrestres de fabricar de un ejército robótico completo, a fin de erradicar el hombre.

Escenario número dos: Una sonda alienígena aterriza en la Tierra y produce miles de millones de nanosondas, que entran en el cuerpo humano de forma imperceptible, empiezan a modificarse a sí mismas, y toman el control de los órganos humanos vitales. Cuando reciben la señal, destruyen todos los organismos de acogida. Ese es el fin de la humanidad. En un solo segundo todos los humanos caen muertos: nada espectacular. Los extraterrestres pueden eliminar la civilización humana de forma rápida, segura y gratuita. La sonda infame, utiliza los metales que quedan de nuestra civilización para producir una legión de sondas, naves espaciales y otras máquinas, que despegan en la búsqueda de nuevas civilizaciones para destruir.

Variación del escenario número dos: Las nanosondas se introducen de forma imperceptible en los cuerpos humanos y empiezan a controlar a los seres humanos, convirtiéndolos en esclavos de los amos de la sonda. Después de tomar el control sobre los cuerpos humanos, si los extraterrestres tienen sentido del humor, pueden hacer que todos los seres humanos permanezcan inmóviles sobre una pierna hasta que se mueren de sed. Por otro lado, pueden hacer que los seres humanos se hagan cosquillas entre sí, hasta la muerte.

También podrían manipularnos genéticamente, convirtiendo a todos los seres humanos en monos inofensivos o animales feroces, que se matarían al cabo de varios meses.

Hay un montón de escenarios de nanosondas mortales, y en todos ellos los seres humanos perecen o son totalmente controlados.

Estas sondas letales también pueden ser parte de un ejército privado que pertenece a una empresa enorme, a individuos ricos o a un poderoso grupo fuera de la ley, que no se preocupa mucho de los derechos civiles, leyes, directivas principales, etc., pero que en cambio buscan enormes beneficios, negocios ilegales, u objetivos criminales. También podrían organizar juegos de guerra y partidas de caza en la Tierra, utilizando a la gente como objetivos naturales vivos.

Tales empresarios extraterrestres podrían incluso pretender ser *uplifters* (elevadores), que elevan el nivel intelectual, tecnológico y científico de los seres humanos, ocultando su verdadera agenda, y evitando así las acusaciones de algunas organizaciones de derechos.

Si una civilización avanzada posee la tecnología para controlar a través de nanobots o aparatos similares, la gestión o aniquilación de criaturas inferiores es de una facilidad poco espectacular. No habría ninguna necesidad de que una enorme nave alienígena entrase en la órbita de la Tierra el 2 de julio y que desplegase 36 barcos con forma de platillo, cada una con 15 millas de ancho, que se posicionasen en las principales ciudades de todo el mundo.

Películas como *El Día de la Independencia*, *Avatar*, etc., son grandes éxitos de inversión, pero son insuficientes e ilógicas desde el punto de vista científico.

En *Avatar*, los locales se pueden transferir fácilmente a otro lugar a través de dispositivos de control mental. No hay necesidad de una guerra.

También hay otra posibilidad, una técnica. La empresa puede extraer el *unobtainium* súper precioso, incluso sin que los nativos en la superficie sepan que hay una mina debajo de la superficie. Una mano de obra robótica podría obtener acceso al yacimiento a través de un conducto, que podría comenzar en un campo adyacente. No hay necesidad de expulsar los miembros de una tribu o de hacer una guerra contra ellos.

Otro escenario de control: Una sonda apenas notable llega a la Tierra, o ya llegó hace mucho tiempo, y comienza a fabricar nanobots con diversas formas y funciones, que se parecen a los habituales microorganismos terrestres. Penetran de forma inadvertida en el cuerpo humano y empiezan a fabricar nanobots especializados, a partir de los fluidos y tejidos humanos para controlar el sistema nervioso, el sistema motor, el sistema de reproducción, etc., y por tanto los hombres se convierten en criaturas teledirigidas o biorobots. El operador distante de su cuerpo y la mente pueden controlarle a usted en tiempo real, desde una nave espacial lejana, un planeta, o incluso desde una galaxia que se encuentra a un trillón de años luz de la Tierra. El operador puede ver a través de sus ojos, oír con sus oídos, y manipular sus extremidades, su visión del mundo, sus gustos, etc. Los humanos ni siquiera saben que están bajo ese control y realmente esclavizados. La humanidad ya podría estar bajo ese control desde hace muchos milenios y los maestros podrían guiar nuestra evolución, historia, identidad personal y nuestro destino. Esta tecnología será viable en los laboratorios de la Tierra en un futuro cercano, y nosotros podríamos controlar a otras personas o civilizaciones a través de estos dispositivos.

La mente de la gente, el ADN, el destino, la orientación sexual, la orientación política, y todo lo demás podría estar bajo control a través de semejante tecnología relativamente simple.

La tecnología de control de un futuro lejano, sería mucho más sofisticada y se basaría en conocimientos y tecnología que están aún por descubrir para el control directo del cerebro (de humanos y de animales).

Una civilización alienígena avanzada no haría una guerra contra nosotros. Ellos nos controlarían, para bien o para mal, y nosotros seguiríamos su agenda, si nos necesitan, o aniquilarían la humanidad si no nos necesitan, o si asumen que el hombre podría ser una futura molestia o un peligro.

Para una civilización avanzada hay muchas maneras de exterminar a los humanos, y nosotros seríamos totalmente impotentes.

Las mega civilizaciones, tienen, incluso en este mismo momento, un total acceso a, y un total control sobre nosotros. Ellos no tienen que invadir la Tierra. Ellos nos poseen. Somos su propiedad, y vamos a seguir viviendo nuestras insignificantes vidas controladas, felizmente inconscientes. Si eso a usted no le gusta, piense en esto: somos sus hijos en el *kindergarten* cósmico.

La verdadera civilización avanzada está en condiciones de destruir todas las armas en cuestión de segundos y controlarnos a nosotros, tanto si nos invaden o no.

Las películas presentan las formas más primitivas de la invasión extraterrestre, y son, por supuesto, muy poco realistas e improbables. Por ejemplo, un grupo de cowboys acaba con unos alienígenas capaces de cruzar el espacio interestelar. Estas películas son muy patrióticas, pero engañosas.

De todos modos, ¿por qué tantos escritores y cineastas insisten en que los alienígenas están desnudos?

El eterno conflicto entre el bien y el mal, personificado como Dios y el Diablo, es uno de los temas más convencionales en el arte. Dios y el Diablo son una personificación mítica de la realidad con un gran impacto en la sociedad humana, tan grande que observamos sus manifestaciones sobrenaturales en todos los aspectos de la vida humana, el destino, el arte y la historia. La gente ha estado viendo esta tragedia clásica en los cines y en la vida real, desde los albores del hombre civilizado. Los escritores de la antigüedad tematizaron el conflicto clásico en términos religiosos, y su ficción describe los eventos como manifestaciones de la infinita batalla entre Dios y el Diablo. Los escritores y el público necesitan estos símbolos esenciales del bien y el mal, de Dios y del diablo, y su poderosa presencia invisible.

Los malignos alienígenas desnudos son la forma moderna de la antigua imagen mitológica del Diablo. La gente quiere escuchar y ver, una y otra vez, la historia arcaica sobre el bien (Dios) venciendo el mal (diablo). Esto hace que se sientan bien.

A la gente le gusta leer historias mitológicas y ver películas con semejantes elementos. La gente está programada para hacerlo.

En lugar de un pensamiento independiente y consciente, recibimos de nuestro inconsciente legos mentales, que forman la imagen mental del mundo que vemos, al igual que las coloridas piezas de LEGO de plástico se entrelazan y pueden ser armadas y conectadas en muchas formas para construir objetos varios.

Todos los seres humanos, sin excepción, están en el férreo control de su inconsciente primitivo, que ofrece la imagen mental del mundo y también sirve a lo mundano. Los seres humanos están todavía muy lejos del momento de pensar de forma lógica e independiente. En su lugar, recibimos legos mentales que dominaron durante toda la historia del Universo, pero su patrón de desarrollo se ha creado en otros tiempos, muchos universos atrás.

Debido a la naturaleza malvada del diablo, escritores y artistas por lo general lo pintan como una criatura repugnante. Historias, obras de teatro, pinturas, etc., a menudo lo muestran desnudo con pezuñas o patas de cabra, con diversas formas de cuernos, piel escamosa o peludo, con colmillos, y una cola. La pezuña se ha asociado con el diablo.

El diablo se identifica a menudo con la serpiente que tentó a Eva en el Jardín del Edén. Adán y Eva fueron expulsados del paraíso eterno de la felicidad en el que no estaban haciendo otra cosa que comer, pensar en las musarañas, y tener relaciones sexuales. Los tentáculos (que se asemejan a una serpiente) de los malvados alienígenas son otro símbolo del diablo. Los seres humanos también tienen una actitud negativa natural hacia las serpientes. El diablo tiene una piel repulsiva, como la serpiente.

Artistas medievales a menudo representaron el diablo como mitad hombre, mitad bestia. Por lo tanto, los malvados alienígenas deberían tener formas bestiales.

El miedo al Diablo se imprime en el inconsciente de la mayoría de la gente. Él es un poderoso arquetipo en muchas sociedades.

Los alienígenas de *El Día de la Independencia* se asemejan al diablo de las pinturas de artistas medievales o a médiums contemporáneos. Semejantes imágenes llamativas provienen del inconsciente y tienen la intención de asustarnos.

La gente es normal; los alienígenas y el diablo son una aberración de la norma. Las personas tienen manos, los alienígenas tienen tentáculos. El diablo puede convertirse en una serpiente, con apariencia de tentáculo. La gente tiene piernas, el diablo y los alienígenas tienen pezuñas.

El diablo y los alienígenas son generalmente considerados como los enemigos de Dios, y por lo general están asociados con el peligro, la violencia y la muerte, mientras que el hombre es creado a la imagen de Dios.

El diablo y los extraterrestres son poderosas fuerzas destructivas, Dios y el hombre son creativos.

Lo primitivo, lo bestial y lo no cultivado está desnudo. Lo sofisticado lleva ropa. Muchos dioses antiguos también están desnudos, pero las tradiciones han cambiado desde la antigüedad y la desnudez es inaceptable para la mayoría de la gente. Es un signo de lo primitivo y de la vergüenza, profundamente grabado en la mente de los seres humanos. Cuando en nuestros sueños aparecemos desnudos delante de otras personas, nos sentimos avergonzados y abochornados.

Muchos cineastas saben muy bien que es ridículo, hacer viajes interestelares y guerras cósmicas estando desnudos, por lo que se les ocurrió la gran idea, de que los alienígenas estuvieran desnudos y vestidos al mismo tiempo. Los cineastas inventaron el traje biomecánico desnudo. No es muy científico, sino una personificación perfecta de la antigua imagen inconsciente del diablo.

El diablo es el símbolo del enemigo máximo. Derrota a tu enemigo principal y te convertirás en el héroe supremo, y todos los demás serán automáticamente inferiores a ti y te servirán. Así que tú eres el perro alfa, el dominador del mundo.

Otros importantes elementos mitológicos en *El Día la Independencia* son David y Goliat, y el talón de Aquiles.

Los seres humanos destruyen el ejército avanzado extraterrestre que viaja por el espacio, al igual que el pequeño David derrotó al gigante Goliat.

El significado bíblico de la historia de David y Goliat es que los grandes obstáculos pueden ser superados por los desvalidos si la motivación es lo suficientemente fuerte y si Dios está de su lado.

Pero nunca hay que olvidar que Dios (lo que El / Ello sea) está siempre del lado de las civilizaciones que se desarrollan más deprisa. Dios personalmente organizó el encuentro entre David y Goliat, y la competencia entre las civilizaciones (cósmicas). Como el ser más perfecto, Él tiene la difícil tarea de conseguir que cuantas más criaturas animales posibles lleguen a ser semejantes a Dios a lo largo de milenios.

Atrás en la historia, vemos que se han suprimido los competidores humanos fallidos. También se suprimen los grupos y civilizaciones de desarrollo lento. Si tienen suerte, son asimilados. En el futuro lejano, será lo mismo. La mayoría de las civilizaciones del Universo se suprimirán.

Otro mito popular explotado por los cineastas, escritores y empresas de publicidad es el eslogan: se lo merece!

El nuevo coche SUPERIOR. Cómprelo. Se lo merece.

Los empleados merecen dar una lección al gran jefe malo, a los bancos, a los seguros de siniestros.

Su jefe le tiene que conceder un aumento de sueldo, usted se lo merece.

Usted merece tener los ojos azules, ser millonario, y ser 20 cm más alto.

Usted merece tener tetas más grandes y un pene más grande (en la mayoría de los casos, es preferible que las tetas y el pene no estén dentro del mismo cuerpo).

Usted se merece un presidente más inteligente, vote por mí!

Lujo, usted se lo merece.

Usted se merece lo mejor.

Usted se merece derrotar a los malvados alienígenas y ¡celebrar la victoria y la libertad!

¡Usted se lo merece!

Usted se merece leer los mejores libros de este mundo. ¡Se merece *El Alfa oculto*! Compre copias para todos sus hijos, nietos, hijos futuros, amigos, parientes, colegas ... ¡Ahorre dinero y cómprelo! ¡Usted se lo merece! Si usted este año no puede comprar 100 copias, ahorre dinero y compre el año que viene 200 copias. ¡Usted se lo merece!

Santo cielo, esta consigna es realmente excitante y contagiosa. ¡Me lo merezco! ¡Me gusta!

El punto final es este. Las civilizaciones en los niveles más bajos del desarrollo científico y tecnológico no pueden derrotar a las civilizaciones en los niveles superiores de la ciencia y tecnología.

Si usted ve lo contrario, al igual que en muchas películas y novelas, usted debe saber que este no es el mundo real, usted se encuentra en el mundo de la mitología, cuya principal tarea consiste en guiarle para que usted se desarrolle lo más deprisa posible, y no para enseñarle ciencia.

No voy a analizar los problemas tecnológicos, científicos y filosóficos con películas como *El Día de independencia*, *Avatar*, y muchos otros, para no arruinar el placer de los fans de estos cuentos de hadas tecnológicos y mitológicos. Yo sólo diría que esto es un mito. Los seres humanos hoy en día no están en condiciones de derrotar a las civilizaciones extraterrestres capaces de cruzar distancias interestelares.

Tinseltown es el lugar de nacimiento de una gran parte de la mitología moderna, en realidad de la parte rentable de los mitos.

Una reciente añadidura al mito es la chica de silicona, una respuesta obvia a los venideros crueles agresores alienígenas, porque estas chicas con labios de silicona, tetas de silicona y silicona en el cerebro tienen la capacidad mental de dos Einsteins y la potencia muscular de hierro de tres Schwarzeneggers con dosis dobles de esteroides. Estas *tinselgirls* fácilmente pueden superar incluso los villanos armados más fuertes, ya sean terrestres o extraterrestres, y conocen las respuestas a los problemas científicos más complejos, que no saben responder los principales científicos de la Tierra.

Dulces sueños, humanidad, los *tinselsalvadores* están aquí para ayudarle en cualquier dificultad.

¡El mundo entero es genial! ... Hasta que usted despierte.

CAPÍTULO 9

RIESGOS EXISTENCIALES O QUIEBRA

La Tierra es la cuna de la inteligencia, pero no podemos vivir para siempre en una cuna.
—Konstantin Tsiolkovsky, pionero de la astronáutica

Los riesgos existenciales son los que amenazan con exterminar toda la población de nuestra civilización (*Homo sapiens*, por ahora), o con reducir en gran medida su capacidad, impidiendo su futuro desarrollo normal.

Los riesgos existenciales son de vital importancia no sólo para la civilización humana, sino también para las razas cósmicas alienígenas, la inteligencia de la máquina, la inteligencia artificial, o para otras formas de vida pensantes aún desconocidas, naturales o artificiales. Todavía no sabemos si el *Homo sapiens* es un producto natural o artificial. El hombre también podría ser en parte natural y en parte artificial.

Por lo general, se supone que la raza humana es de suma importancia.

Sin embargo, no debemos olvidar que existen numerosas civilizaciones cósmicas extraterrestres, que también consideran que sus razas son de suma importancia.

Si alguna de las inteligencias cósmicas tiene que hacer una elección existencial, votará en contra de todas las otras civilizaciones, incluyendo la humanidad.

No debemos culparlas, pues nosotros haríamos lo mismo.

Las civilizaciones extraterrestres están entre los riesgos existenciales para los seres humanos. *Homo sapiens* también será uno de los riesgos existenciales para otras razas cósmicas.

Todas las civilizaciones serán mutuamente dependientes de las demás. Todas se enfrentan a la música, todas están tocando la música.

Hasta el siglo 20, la existencia humana se ha visto amenazada por catástrofes naturales como los impactos de asteroides, explosiones de rayos gamma, el drástico aumento o disminución de la producción de energía solar, los impactos de meteoritos, la órbita inestable de un cuerpo celeste del Sistema Solar, súper volcanes, cambios globales del clima, nubes de polvo cósmico, etc. Objetos espaciales masivos como las estrellas, planetas, agujeros negros, restos de estrellas, etc., podrían entrar en el Sistema Solar y acercarse de forma catastrófica a la Tierra.

Los primeros seres humanos también pueden ser eliminados por competidores como *Homo sapiens neanderthalensis*.

Con el siglo 20, el hombre entró en una nueva era, la era de los riesgos de extinción hechos por el hombre (antropogénicos). Por primera vez desde su origen, el *Homo sapiens* puede exterminar la civilización humana por completo. Las bombas nucleares se convirtieron en las primeras armas de destrucción masiva que amenazan con acabar con la civilización tal como la conocemos.

LAS RAÍCES DEL FUTURO ESTÁN EN EL PASADO

En la década de 1980, se desplegaron armas con un sistema de control único cuando se dispara un enjambre, por lo general un grupo de 4 a 24 misiles. Un misil sube a una mayor altitud y explora objetivos, mientras que los otros atacan. El misil de designación de blancos sube dando saltos rápidos e inesperados, con el fin de resultar más difícil de interceptar. El misil de guía utiliza su radar en modo activo y pasivo. El modo activo se usa para un "vistazo" rápido y luego se apaga, aumentando la probabilidad de penetración.

Los misiles del grupo suelen ser disparados simultáneamente. El sistema computerizado de la planificación de la misión también podría disparar varias salvas durante un período de tiempo, calculando las rutas para que todo el grupo llegue al mismo tiempo a la zona de destino, o en grupos más pequeños, uno tras otro, con el fin de disponer de tiempo para evaluar los resultados de los ataques de los primeros misiles.

Si se destruye el misil de guía, se elevará otro misil del enjambre a asumir su función.

El misil de guía asigna objetivos a todos los misiles subordinados de su grupo y, en caso de salvas masivas, se comunica con los misiles de guía de otro grupo para coordinar el ataque. Los misiles están equipados con un potente ordenador digital con tres procesadores.

Los misiles de guía son capaces de priorizar objetivos, diferenciar objetivos y detectar objetivos de grupo, de forma automática, utilizando la información recopilada durante el vuelo. El enjambre llegará a las metas en orden de prioridad, de mayor a menor. Después de destruir el primer objetivo asignado, los misiles restantes atacarán el siguiente objetivo priorizado, y así sucesivamente, hasta llegar al último. El misil de guía puede detectar y rastrear hasta cientos de objetivos.

El ordenador de a bordo de los misiles también puede tomar contramedidas para evitar ataques antimisiles del enemigo, utilizando una combinación de maniobras y de interferencia de engaño. Los misiles tienen a bordo un receptor y analizador de alerta de radar, lo que les permite iniciar maniobras agudas cuando es necesario.

La formación de grupos de misiles funciona en modo autónomo, ya que los ordenadores son mucho más rápidos y más eficaces en el campo de batalla que la mente humana, y también para evitar interferencias enemigas. El hombre comienza el ataque pulsando únicamente un botón. Una vez iniciado, nadie puede detener el ataque de los enjambres de misiles nucleares, y se destruirán objetivos en todo el mundo. No hay manera de cancelar los ataques mortales. Las órdenes no se pueden retirar.

La palabra alarmante aquí es *autónomo*. Los sistemas de armas autónomos son capaces de exterminar la humanidad.

Estos antepasados de las armas autónomas, con una inteligencia artificial rudimentaria, capaz de aniquilar a todos los humanos, han estado en uso en la Tierra desde la década de 1980.

MANO MUERTA

En la década de 1980, la Unión Soviética desplegó el *Sistema de Perimeter*, un sistema de combate de reacción automatizado, que permite una respuesta a un ataque nuclear de los Estados Unidos, incluso si los principales políticos y comandantes militares han sido asesinados, si el *Sistema* detecta ataques nucleares por sísmica, luz, radiactividad y sensores de sobrepresión. El Sistema también fue llamado la *Mano Muerta*.

En una guerra nuclear, los cables tradicionales, la radio, y los canales de satélite podrían ser destruidos. El poderoso pulso electromagnético podría acabar con todos los equipos de comunicación.

En el momento de detectar un ataque nuclear, *Sistema Pe-rimeter* dispararía misiles de comunicación, que volarían alto sobre los campos de misiles y otras instalaciones militares, transmitiendo órdenes de ataque a misiles, bombarderos y submarinos en el mar.

El doctor Bruce G. Blair, presidente del Instituto Mundial de Seguridad, un departamento de estudios estadounidense con sede en Washington, DC, dijo en *The New York Times* en octubre de 1993, que, en contra de algunas creencias occidentales, muchos misiles nucleares rusos, en silos subterráneos y lanzadores móviles, pueden ser lanzados de forma automática.

Los rusos tenían mucha experiencia en máquinas sofisticadas de control remoto y cohetes.

La carrera espacial entre Estados Unidos y la Unión Soviética y sus implicaciones militares comenzó como un concurso de cohetes entre Alemania y la Unión Soviética.

Antes y durante la Segunda Guerra Mundial, Alemania y la Unión Soviética adquirieron experiencia importante.

Tras el enorme éxito del V-2, bajo el código *Proyecto América*, Alemania reunió a un equipo dirigido por Wernher von Braun para crear el primer misil balístico intercontinental para bombardear Nueva York y otros objetivos estadounidenses desde sitios de lanzamiento en Europa.

También estaban planeando atacar los sitios del Proyecto Manhattan mediante misiles de largo alcance, para evitar la construcción de la bomba nuclear por parte de los Estados Unidos.

Alemania comenzó a equipar submarinos con misiles capaces de golpear las ciudades estadounidenses.

Inicialmente se tenía la intención de que los misiles que fueran a ser lanzados desde sitios europeos fueran a ser guiados por radio. Los sistemas de guiado de misiles de la época eran muy imprecisos en el rango de 5.000 kms, pero los alemanes tenían planes para mejorarlos.

Tras el fracaso de la Operación Elster, la misión alemana para reunir información de inteligencia sobre el Proyecto Manhattan y sabotearlo, y evitar así que EE.UU. fabricara la bomba atómica, decidió el equipo de

diseño de cohetes hacer los misiles pilotados. El final de
la guerra anuló todos los proyectos militares y de cohetes
alemanes.

La serie de los Agregados (A-1 a A-12) consistió
en un conjunto de diseños de cohetes, desarrollados entre
1933 y 1945 por un programa de investigación del
ejército alemán.

Su mayor éxito militar fue el A4, más
comúnmente conocido como el V-2.

También se esbozó un desarrollo posterior del
materializado A9/A10.

El A12 fue un verdadero cohete espacial. Fue
diseñado como un vehículo de cuatro fases, que podrían
colocar 10 toneladas de carga útil o de tripulación en la
órbita de la Tierra.

En 1941, Alemania se convirtió en la potencia
mundial dominante. Si Alemania no hubiera invadido la
Unión Soviética, podría haber sido la primera potencia
espacial con el primer satélite, la primera nave espacial
tripulada, el primer misil balístico intercontinental, la
primera bomba atómica, etc. Alemania ya controlaba
toda Europa. Los países europeos eran aliados (más o
menos) u ocupados. Suiza fue relativamente neutral,
obteniendo beneficios de ambas partes. Sólo el Reino
Unido no estaba todavía bajo el control de Alemania,
pero si no fuera por la invasión de la Unión Soviética,
era sólo una cuestión (breve) de tiempo, ya que en 1941

Alemania controlaba los ejércitos y los recursos económicos del continente. Estaba a cargo de la mayor economía del mundo. La industria y la infraestructura de Europa estaban en un excelente estado, las pérdidas humanas eran limitadas, las economías estaban prosperando.

Después de la guerra, la Unión Soviética y los Estados Unidos capturaron y llevaron a su propio territorio la tecnología avanzada de cohetes alemana, planos y documentación, junto con personal alemán que tenía experiencia en armas, aerodinámica, cohetería, física nuclear, medicina, industria del metal, óptica, química, etc.

La operación Paperclip fue un programa que se utilizó para reclutar científicos de Alemania para un empleo en los Estados Unidos. También se trataba de negar el conocimiento científico y la experiencia alemana a la Unión Soviética y al Reino Unido (como indica Brian Johnson, el escritor de ciencia de la BBC, en su libro *La Guerra Secreta*) y a la propia Alemania dividida, natürlich.

En la era de la posguerra inmediata, los estadounidenses y los rusos comenzaron programas de investigación de cohetes basados en los diseños alemanes de los tiempos de la guerra, especialmente en el V-2. El objetivo primario fueron misiles transatlánticos de largo alcance.

El primer misil balístico intercontinental fue lanzado en 1957, por la Unión Soviética. La primera unidad de misiles estratégicos entró en funcionamiento en 1959. Fue capaz de enviar armas nucleares a todo el mundo.

En 1970, los rusos controlaban un vehículo en la Luna de forma remota desde la Tierra. Lunokhod fue el primer robot de control remoto que aterrizó en otro cuerpo espacial.

En 1970, Luna 16 fue la primera sonda robótica que aterrizó en la Luna y trajo una muestra de suelo lunar a la Tierra. El mismo año, Venera 7 aterrizó en la superficie de Venus y se convirtió en la primera nave espacial hecha por el hombre que aterrizó con éxito en otro planeta y que transmitió datos desde ahí a la Tierra.

En la década de 1980, la Unión Soviética creó la primera máquina de combate automatizada capaz de llevar a cabo una guerra nuclear, incluso después de la muerte de sus amos.

¿Cree que el sistema de la Mano Muerta es una reliquia de su tiempo? Yo diría que es el arma del futuro, que debemos temer.

El Sistema Perimeter fue el primero. Ahora hay varios de ellos, y pronto habrá muchos sistemas sofisticados de inteligencia artificial que controlen un enorme poder militar en todo el mundo.

Ahora bien, estos sistemas son mucho más sofisticados y mucho más devastadores que Perimeter.

Todos los estados principales disponen de inteligencia artificial y programas de armas robóticas con enormes presupuestos. Ellos creen que esta tecnología abre el camino a la superioridad.

En el futuro, se extenderá en el espacio una legión de poderosas Manos Muertas, a cargo de ejércitos robóticos de civilizaciones duraderas o desaparecidas desde hace tiempo.

Al explorar y colonizar el espacio profundo, todas las civilizaciones que viajan entre las estrellas se enfrentarán a planetas, satélites, construcciones orbitales, sistemas estelares, etc., que están bien protegidos y defendidos activamente por poderosos ejércitos robóticos, controlados por inteligencias artificiales cuyos amos en algunos casos llevan muertos desde hace tiempo. ¿Tenemos el derecho de destruir a las fuerzas armadas de máquinas superiores de civilizaciones que perecieron (si se puede) y de colonizar la tierra "libre"? También es posible que si semejante ataque falla, la inteligencia artificial alienígena vaya a iniciar una campaña de exterminio contra todas las naves espaciales humanas, las colonias, y la Tierra.

En el pasado reciente, las armas nucleares estaban en condiciones de exterminar todos los seres humanos. Hoy en día, tenemos suficiente energía nuclear para destruir el mundo varias veces. Por desgracia para nosotros, una vez es más que suficiente.

Hasta hace poco, sólo dos súper estados, Estados Unidos y la Unión Soviética, desplegaron armas nucleares, que podrían destruir la humanidad.

Ahora, varios estados tienen la capacidad nuclear para enviar todos los seres humanos al infierno.

Pronto organizaciones poderosas e incluso individuos tendrán el poder, el dinero y las nuevas tecnologías junto con las armas nucleares para destruir nuestra civilización.

Ahora, el avance tecnológico de todas las civilizaciones de la Galaxia supone un grave riesgo existencial para todos ellos.

Hoy en día, podemos destruir a todos los seres humanos y la Tierra. Mañana, podríamos destruir todo el Sistema Solar. En el futuro, podríamos destruir muchos sistemas solares alienígenas con toda la vida e inteligencia, incluso toda la Galaxia.

Lo que es peor, miles de civilizaciones avanzadas tendrían el potencial de destruirse a sí mismas, nuestro Sistema Solar, toda la raza humana, y la Galaxia. Fin de la música.

Incluso sin hacer una guerra de alta tecnología a gran escala, utilizando armas de destrucción masiva, las civilizaciones cósmicas podrían resultar peligrosas, las unas a las otras.

Hay una larga lista de actividades peligrosas. Robots y los nanobots autorreplicantes fuera de control. Inteligencias artificiales alienígenas, que controlan la industria pesada cósmica, peligrosa o contaminante, numerosas sondas espaciales tripuladas, y naves espaciales de carga. La contaminación con las formas de vida de otras civilizaciones podría poner en peligro la vida y la inteligencia en muchos mundos de la Galaxia, incluyendo la humanidad. Robots militares con tremendo poder, incluso completos ejércitos robóticos autorreplicantes con una vida útil ilimitada, que sus amos quizás muertos desde hace mucho tiempo ya no pueden controlar, podrían entrar en el Sistema Solar y hacer una guerra de alta tecnología con armas de destrucción masiva en contra de nosotros, siguiendo sus programas de destruir potenciales enemigos, que fueron escritos hace mucho tiempo y posiblemente han mutado desde entonces.

Existen hipótesis de que nuestra civilización es controlada por una súper civilización (del Universo actual o de los ciclos evolutivos anteriores de nuestro

Universo). Algunos investigadores afirman que todas las mentes humanas forman un vasto inconsciente colectivo, el cual es supervisado por una agencia externa, aún desconocida (persona natural, inteligencia artificial, o supermente alienígena). Esto hace que nuestra civilización, y tal vez todas las razas extraterrestres en el Universo, que dependen de otra entidad sapiente y nosotros también compartimos los riesgos existenciales de ese organismo de control externo. Si "ellos" perecen, toda la vida e inteligencia en el Universo también está condenada.

No hay necesidad de que una civilización extraterrestre sea mala para destruirnos, para inhibir nuestro desarrollo, o para debilitar nuestra posición en la competencia con otras civilizaciones, convirtiéndonos en una raza de segunda clase, con pocas posibilidades de supervivencia. Una nave espacial extraterrestre podría exterminarnos involuntariamente de muchas maneras: como resultado de accidentes tecnológicos o biológicos, o de errores por parte de la tripulación o de las máquinas superiores. Visitantes alienígenas podrían contaminar accidentalmente todos los seres humanos de forma fatal. Experimentos científicos fundamentales o catástrofes industriales a gran escala de una civilización alienígena, lejos de la Tierra, podrían eliminar numerosas razas cósmicas, la nuestra incluida.

CARRERA ESPACIAL GLOBAL: EN EL SISTEMA SOLAR Y MÁS ALLÁ

La carrera espacial en la Tierra comenzó en octubre de 1957 con el lanzamiento del satélite soviético Sputnik. La situación derivó casi en pánico en Estados Unidos, porque la Unión Soviética ya tenía bombas atómicas y misiles balísticos intercontinentales, que podrían lanzar las bombas de hidrógeno recién desarrolladas, y ahora estarían en condiciones de lanzar bombas nucleares desde el cosmos a los Estados Unidos.

El final de la Guerra Fría, a menudo datado de 1947 a 1991, puso fin a la primera fase de la carrera espacial.

Los Estados Unidos y la Unión Soviética tenían excelentes logros en la investigación y tecnología espacial, así como inevitables fracasos.

Después de la Guerra Fría, la economía rusa debilitada no pudo igualar el programa de espacio americano generosamente financiado.

El socialismo había muerto. El capitalismo ha demostrado ser más productivo que el socialismo.

En los escritos académicos y populares, llaman al socialismo erróneamente comunismo. Ambos se parecen en que ambos son sistemas de producción basados en la propiedad estatal de los medios de producción y de los recursos naturales, en la planificación centralizada, en ninguna empresa privada, y en la dictadura de los partidos comunistas. El socialismo surge directamente del capitalismo. La teoría marxista sostiene que el socialismo es una etapa de transición en el camino hacia el comunismo. El comunismo es un mayor desarrollo y la "etapa superior" del socialismo.

Uno de los principios del socialismo es el siguiente: de cada cual según su capacidad, a cada uno conforme a sus obras.

El principio del comunismo es la siguiente: de cada cual según su capacidad, a cada cual según sus necesidades. Esta etapa superior tan esperada por el socialismo llegó sólo para la élite del partido comunista. Las economías de los países socialistas se derrumbaron.

La era de la posguerra, finalmente, terminó con el fracaso del socialismo.

Ahora la transición del socialismo a la economía de libre mercado ha terminado en Rusia, China y Europa del Este. El panorama político y económico está cambiando rápidamente. La China rural es uno de los principales protagonistas.

La Unión Europea se convirtió en la mayor economía del mundo, con un enorme potencial de crecimiento económico, debido a que:

1. Los antiguos países socialistas subdesarrollados, que ahora forman parte de la unión, se están recuperando;

2. Tiene lugar una esperada ampliación mecánica de la unión a través de nuevos países que se incorporan;

3. Un mecanismo gubernamental más eficiente que funciona como un súper estado en lugar de 30 estados;

4. Las heridas de la Segunda Guerra Mundial finalmente se han curado. Gobernada por burócratas sin rostro, Europa aún recuerda la miseria de la guerra y es muy prudente, para bien y para mal, pero al ser la economía más poderosa del mundo volverá a despertar el deseo de dominar el mundo. *IMPERIVM ROMANVM sine fine* aún está en la mente de muchos europeos. El Imperio Romano sin fin mantiene su influencia sobre los corazones y las mentes de los Europeos y de los estadounidenses de origen europeo.

"La persistente influencia romana se refleja de forma generalizada en el lenguaje contemporáneo, la literatura, los códigos legales, el gobierno, la arquitectura, la medicina, el deporte, el arte, la ingeniería, etc. Gran parte de ella está tan arraigada que apenas nos damos cuenta de nuestra deuda con la antigua Roma. Veamos el idioma, por ejemplo. Cada vez menos personas hoy en día dicen que saben latín, y, sin embargo, volvamos a la primera frase de este párrafo. Si quitamos todas las palabras extraídas directamente del latín, esa frase sería: 'La' ". Reid, T.R. en *Imperio Romano, National Geographic*, agosto de 1997.

El impulso imperial guiará los Estados Unidos, la Unión Europea, Rusia y China. Este impulso se refleja en sus programas espaciales del futuro próximo.

De acuerdo con la clasificación del Fondo Monetario Internacional, el producto interno bruto (PIB) nominal por país para el año 2011 es el siguiente (miles de millones de dólares de los EE.UU.):

Unión Europea – 17.578
Estados Unidos – 15.094
China – 7.298
Japón – 5.869
Brasil – 2.493
Rusia – 1.850
Canadá – 1.737
India – 1.676

Para ser un actor principal en la carrera espacial global, cada participante debería disponer de grandes recursos de inversión, conocimientos y experiencia. Estos son la Unión Europea, los Estados Unidos, Rusia y China, las potencias actuales del mundo. Hay varios candidatos para este club de élite, pero todavía están en lista de espera.

China ha experimentado una aceleración sorprendente, con respecto a los Estados Unidos. Hace apenas diez años, la economía de los Estados Unidos fue tres veces mayor que la de China. El Fondo Monetario Internacional pronostica que China superará a Estados Unidos en 2016. El fondo con sede en Washington afirma que su estimación se basa en el poder adquisitivo comparativo de los dos países.

Es curioso que en la actualidad, la NASA con su generosa financiación tenga que comprar asientos para la Estación Espacial Internacional a Rusia, su archirrival infradotado en la carrera espacial.

Los conocimientos, la experiencia, la financiación y las ambiciones cósmicas de la Unión Europea todavía no son suficientes (el resultado de la Segunda Guerra Mundial), pero deberíamos tener en cuenta que los principales actores detrás del enorme éxito del programa espacial de la NASA y del proyecto Manhattan fueron científicos europeos, es decir, experiencia y conocimientos Europeos ampliamente financiados por los Estados Unidos. Y la misma América fue creada por los europeos.

Europa también perdió la Segunda Guerra Mundial.

Después de la guerra, Europa y la Unión Soviética estaban en ruinas. Cerca de 55 millones de personas murieron en Europa durante la Segunda Guerra Mundial. La Unión Soviética sufrió pérdidas enormes en la guerra contra Alemania. La población soviética se redujo en alrededor de 40 millones durante la guerra. Millones de personas en Europa y en la Unión Soviética estaban sin hogar, la economía europea se había derrumbado, y gran parte de la infraestructura industrial europea había sido destruida. La mayoría de los estudiosos y técnicos estaban muertos o vivían fuera de Europa. Millones de personas que padecían hambre pensaban sólo en cómo sobrevivir. La industria de Alemania Occidental fue desmantelada. El plan del "desarme industrial" de la posguerra para Alemania consistía en destruir la capacidad de Alemania para hacer guerras, mediante la desindustrialización total o parcial. Nadie pensaba en la ciencia o en la financiación de la investigación. La mayoría de los laboratorios, instituciones de investigación y universidades estaban en ruinas. La inflación era enorme, rozando la hiperinflación. Muchos países tenían que pagar indemnizaciones abundantes.

Los Estados Unidos y el Reino Unido perseguían un programa de "indemnización intelectual" para cosechar todos los conocimientos científicos y tecnológicos, así como todas las patentes en Alemania.

El valor de estos ascendieron a unos 10 millones de dólares, 119 millones en dólares de 2011.

Europa y Rusia lucharon durante mucho tiempo para restaurar su capacidad científica y de investigación, así como su potencial de financiación.

La Segunda Guerra Mundial dio lugar al ocaso de Europa como centro del mundo y llevó al surgimiento de los Estados Unidos y de la Unión Soviética como superpotencias.

Ahora comienza la nueva carrera espacial. La carrera por el dominio del espacio, pero también por los beneficios, enormes beneficios. Países, empresas e individuos ricos se están reuniendo para explorar el espacio alrededor de la Tierra, de la Luna y de Marte.

Los humanos deben colonizar el Sistema Solar antes de la llegada de las civilizaciones extraterrestres. La carrera global al espacio y el rápido desarrollo de la tecnología espacial y de los instrumentos astronómicos también significa que debemos esperar obtener, en un futuro próximo, pruebas concretas sobre la inteligencia extraterrestre, así como las visitas extraterrestres tan esperadas (pero tal vez no deseadas y peligrosas).

ALIENÍGENAS EN LA LUNA Y EN MARTE

Una sonda de colonización robótica de una civilización alienígena, biológica o mecánica, podría empezar a extraer recursos naturales y construir instalaciones en la Luna y en Marte. Podría producir enormes cantidades de robots inferiores y superiores, máquinas, y todo tipo de equipos. Las máquinas superiores robóticas alienígenas podrían construir un hábitat artificial para sus amos biológicos y comenzar a levantar una civilización extraterrestre del material biológico que ellos proporcionaron.

La raza alienígena no nos atacaría o nos amenazaría directamente, pero la humanidad perdería la Luna y Marte, que consideramos como pertenecientes a *Homo sapiens*, y que son el siguiente paso vital para nuestros programas cósmicos. Planeamos iniciar la colonización espacial humana desde la Luna y Marte. No disponer de Luna y Marte sería como cortar las alas cósmicas de la humanidad. Los propietarios de mascotas a menudo recortan las plumas de vuelo primarias de sus aves, de manera que ya no son plenamente capaces de volar.

La colonización del espacio es una de las soluciones clave para reducir el riesgo de extinción de *Homo sapiens*.

TERRA NULLIUS

Además de la Tierra, nos pertenecen la Luna, el Sol y los planetas del Sistema Solar con sus satélites, o ¿son *terra nullius*, una tierra que nunca ha estado sujeta a la soberanía de ningún estado terrestre? La soberanía sobre un territorio que es *terra nullius* (tierra de nadie) puede ser adquirida por la ocupación.

Podría convertirse en propiedad de aquellos que son los primeros en colonizarla ampliamente, humanos o no humanos.

Ahora pueden convertirse individuos en propietarios en la Luna mediante la compra de tierra en nuestro satélite natural. Empresas y agencias inmobiliarias afirman que poseen una base legal para la venta de fincas lunares y otros bienes extraterrestres en el Sistema Solar. Uno puede convertirse en un orgulloso propietario de tierras, a través de la compra de terrenos en la Luna, Marte, Venus, etc., pero hay algunos peros.

El " Tratado sobre los principios que deben regir las actividades de los Estados en la exploración y utilización del espacio ultraterrestre, incluso la Luna y otros cuerpos celestes", que entró en vigor en 1967, es generalmente llamado el Tratado del Espacio Exterior.

El Tratado Internacional del Espacio Exterior prohíbe a las naciones reclamar la soberanía sobre la Luna, Marte y otros cuerpos celestes del Sistema Solar, por reivindicación de soberanía, uso u ocupación, o cualquier otra manera. Sin embargo, no se opone a las reivindicaciones de tierras privadas, de acuerdo con las empresas que venden bienes extraterrestres.

El Consejo de Administración del Instituto Internacional de Derecho Espacial (IISL International Institute of Space Law) emitió un comunicado en el año 2009, "sobre declaraciones de propiedad sobre la Luna y otros cuerpos celestes," en relación con las reclamaciones de derechos de propiedad privada sobre los cuerpos celestes en el Sistema Solar, que dice que "las escrituras notariales que se venden no tienen ningún valor jurídico o transcendencia, y que no transmiten ningún derecho reconocido." El artículo VI del Tratado del Espacio Exterior dispone que "Los Estados Partes en el Tratado serán responsables internacionalmente de las actividades nacionales que realicen en el espacio ultraterrestre, incluso la Luna y otros cuerpos celestes, ya sean organismos gubernamentales o entidades no gubernamentales, y deberán asegurar que dichas actividades se efectúen en conformidad con las disposiciones del presente Tratado." Las entidades no gubernamentales son entidades privadas: individuos y empresas privadas.

Ergo, el Tratado Internacional sobre el Espacio Exterior prohíbe a los individuos, las compañías, y todo tipo de empresas privadas reclamar la soberanía sobre la Luna, Marte y otros cuerpos celestes del Sistema Solar, por reivindicación de soberanía, uso u ocupación, o por cualquier otro medio. Los firmantes del Tratado del Espacio Exterior los consideran bajo el principio del patrimonio común de la humanidad, según el cual los elementos de la tierra, el cosmos, la cultura y la ciencia son comunes a la humanidad y deben ser mantenidos en fideicomiso para futuras generaciones, y que deben utilizarse para el beneficio de toda la humanidad.

Hoy en día, esto podría parecer un ejercicio académico para los abogados, pero pronto habrá un conflicto entre las naciones espaciales que construyen bases en la Luna, Marte y otros cuerpos espaciales, la gente que compró la tierra extraterrestre y las empresas espaciales privadas, al igual que los exploradores alienígenas, colonos y empresarios estarían en conflicto con los mismos terratenientes, compañías privadas y gobiernos.

Las propiedades en la Luna y en Marte ya podrían pertenecer a un promotor inmobiliario extraterrestre o a una empresa minera, que están de camino hacia su propiedad.

Podría haber decenas de propietarios, humanos y extraterrestres, cada uno afirma poseer la misma tierra, cada uno con una escritura registrada y válida.

¿Y si ya hay naves espaciales en la Luna y en Marte con el único propósito de reclamar tierra cuando llegue el momento adecuado? Podrían permanecer allí por un tiempo muy largo.

Tal vez los astronautas extraterrestres que visitaron y se quedaron en la Tierra antes de los albores de la humanidad, ya tienen escrituras de los terrenos de nuestro planeta. ¿Estamos viviendo en su propiedad, y vamos a tener que pagar por ello algún día? Estoy bromeando, ¡quizás!

Si una compañía alienígena comienza sus actividades mineras en Marte o en la Luna, ¿qué podrían hacer los terratenientes o gobiernos humanos? ¿Demandar a la empresa alienígena? ¿Dónde? ¿En Marte, en la Tierra, en la Luna? ¿O deben los terratenientes humanos y representantes del Gobierno viajar a un tribunal en un planeta de un sistema estelar a una distancia de 2.000 años luz de la Tierra? ¿O sólo deberían ir a Marte y echar a los intrusos a patadas, agitando una escopeta?

Una raza cósmica alienígena que posee la Luna, Marte y otros cuerpos celestes del Sistema Solar podría no permitir que las naves espaciales humanas aterricen en su propiedad. Tal vez deberíamos pagar a los alienígenas al visitar "nuestra" Luna, si ellos deciden ser benévolos. ¿Nuestra Luna o la Luna de ellos?

La gran cantidad de posibles reclamantes y el ambiguo Tratado del Espacio Exterior están actuando en contra de la humanidad. Los conflictos jurídicos y militares por la posesión del espacio ultraterrestre y los cuerpos celestes no son nada envidiables.

Si una nave espacial alienígena aterriza en Marte o en la Luna, los extraterrestres pueden reclamar la tierra de inmediato, de acuerdo con las leyes de la Tierra. Podrían poseer de forma legal millones de hectáreas de las mejores tierras en Marte y en la Luna, terrenos con agua, minerales, metales, las mejores condiciones climáticas, etc. Vivir allí es la condición imprescindible para cualquiera que hace una demanda de tierras. Las leyes de la Tierra no excluyen a los demandantes extraterrestres.

No debemos sorprendernos si una civilización extraterrestre construye supermercados, hoteles, plantas de energía, industrias, etc., en la Luna y en Marte, y comienza a encontrarse con visitantes extranjeros de la Tierra y de otros planetas. También podría haber excursiones de un día a la Tierra, el planeta de los tarados.

Los alienígenas podrían escribirnos, "De acuerdo con las leyes humanas, las tierras en el Sistema Solar, excepto la Tierra, no pertenecen a nadie, y los hemos ocupado. ¡Gracias por la tierra libre, gracias por ser tan idiotas!"

¿Qué pasa si un grupo minero robótico teledirigido aterriza en la Luna y en Marte y comienza actividades de extracción de recursos naturales, sin pedir permiso a los seres humanos? ¿Necesitan un permiso? ¿Quién da esos permisos? ¿Cuál será nuestra respuesta, si decidimos no permitir que los alienígenas permanezcan en la Luna o en Marte? O tal vez podrían quedarse por un período corto, pero decidimos prohibirles toda actividad minera o la construcción de asentamientos.

¿Son los robots extraterrestres inteligentes demandantes legales? Si una nave espacial extraterrestre está habitada por una inteligencia artificial súper avanzada, ¿puede esta inteligencia artificial reclamar tierras en la Luna y en Marte? Si una nave espacial teledirigida está llena de biorobots con un coeficiente intelectual de 50 (personas con un coeficiente intelectual de 50 se consideran ligeramente retrasadas), ¿están en condiciones de reclamar tierras? ¿Tienen estos biorobots robustos el derecho a construir instalaciones en el Sistema Solar y a multiplicarse? Podría haber miles de millones de ellos, viviendo en todos los cuerpos celestes posibles. ¿Tenemos el derecho de exterminarlos? ¿Podemos hacer esto antes de que sea demasiado tarde? ¿Cuánta inteligencia debe tener una entidad, para tener derecho a reclamar tierras? En la Tierra, incluso las personas más estúpidas tienen derecho a poseer tierras.

Los robustos biorobots con bajo coeficiente intelectual (todo tipo de versiones), junto con los robots mecánicos, pueden comenzar con la terraformación de la Luna, de Marte y de otros cuerpos celestes. Terraformación significa literalmente formar la tierra, pero los trabajadores mecánicos y biológicos alienígenas modificarían la atmósfera, la temperatura, etc., para crear una ecosfera con plantas y animales similares al planeta de origen de sus amos, quienes llegarán cuando todo esté listo para ellos.

No nos están amenazando directamente. No nos atacan. Ellos simplemente se asientan en todos los cuerpos celestes posibles del Sistema Solar.

¿Quién es dueño de los recursos naturales de los cuerpos celestes del Sistema Solar o de otros planetas y satélites habitados y deshabitados de la Galaxia? Si hay una inteligencia primitiva en algunos planetas en el nivel evolutivo de los Cro-Magnon, neandertales, u *Homo habilis*, ¿tenemos entonces el derecho de explotar los recursos naturales de ese planeta, impidiendo de esa manera la formación de una civilización local? Sólo las primeras mil civilizaciones se seguirán desarrollando y prosperarán, utilizando todos los recursos naturales de la Galaxia. El resto perecerá o será demasiado primitivo para el estándar de las futuras civilizaciones. Si no explotamos los recursos naturales de los planetas con seres primitivos, lo harán algunas empresas mineras alienígenas y sacarán grandes ventajas en esta parte de la Galaxia. ¿Qué debemos hacer?

Si una empresa tan poderosa llega a la Tierra, y nos considera una civilización poco desarrollada, tal y como nosotros consideramos al hombre de Cro-Magnon, e inicia sus actividades comerciales en nuestro planeta, en la Luna, en Marte, ¿qué deben hacer los seres humanos? ¿Podemos hacer algo para evitarlo? La compañía alienígena prácticamente poseerá la Tierra y todo lo que hay en ella.

Los empresarios extraterrestres benévolos podrían abandonar la Tierra y dejar los terrícolas solos y limitar sus negocios a Marte y a la Luna, que también son posesiones suyas. Los seres humanos vivirán en la Tierra como en una especie de reserva natural, sin "permiso" para salir de ella. Vamos a estar fuera de las actividades de colonización y expansión de las civilizaciones más prósperas de la Galaxia con casi ninguna posibilidad de supervivencia.

Hoy en día, ni siquiera podemos ir a Marte. ¿Podemos enviar tropas a la Luna? Podemos emprender una guerra contra ellos y disparar misiles nucleares a la Luna o a Marte, pero las unidades de defensa de la empresa minera alienígena podría destruir los misiles y exterminarnos en cuestión de días. ¿Cree usted que los vaqueros están en condiciones de derrotar a una civilización alienígena capaz de viajar entre las estrellas? Por supuesto, podríamos imponer sanciones económicas contra cualquier agresor alienígena, pero eso es sólo un pedazo de papel.

Si atacamos la empresa alienígena o el grupo colonizador, ellos tendrían el derecho legal de responder militarmente y legalmente, y, eventualmente, de tomar el control sobre los humanos como una raza agresiva y desarmarnos. Otro fin de la historia humana, al menos para un tiempo muy largo, si no para siempre.

Hay numerosos escenarios de colonización, algunos incluso aprobados por las agencias espaciales. Todo parece muy prometedor, valiente, muy científico, y absolutamente antropocéntrico. Pero tal vez no serían capaces de colonizar cualquier cuerpo espacial importante, ya que todos los terrenos de la Galaxia, de algún valor, ya fueron vendidos hace miles de años.

Algunos expertos incluso afirman que hay civilizaciones que ya han estado vagando por la Galaxia hace millones de años, incluso hace miles de millones de años. Todo se vendió hace mucho tiempo. Por lo tanto, debemos permanecer en la Tierra hasta que nos extingamos. Por otro lado, ¿podríamos seguir una estrategia de supervivencia y tomar otros cuerpos espaciales (en primer lugar por la fuerza), dejando de lado las leyes de otras civilizaciones cósmicas? Y entonces, ¿cómo podríamos esperar que ellos obedezcan nuestras leyes que van en contra de su llegada a la Tierra para tomar o para hacer lo que quieran?

Uno de los problemas que afectan a los viajes espaciales es la falta de estaciones de servicio en el vacío.

Los empresarios alienígenas podrían vendernos en la Luna, helio-3, agua lunar, metales y minerales.

El helio-3 podría ser una fuente de energía limpia, prácticamente infinita. Es poco común en la Tierra, pero se cree que es lo suficientemente abundante para la minería industrial en la Luna. El helio-3 se ha incrustado, durante miles de millones de años, en la capa de regolito superior por el viento solar. Podría ser un combustible valioso para las centrales eléctricas de fusión nuclear y motores de cohetes.

Podría resultar demasiado caro transportar helio-3 a la Tierra, pero la minería de helio-3 podría ser un gran negocio, ya que podría ser un combustible importante para los viajes espaciales en el Sistema Solar.

La superficie exterior de la Luna es rica en elementos de tierras raras, que son de gran demanda en la Tierra, para aplicaciones de electrónica y de energía verde.

En un futuro próximo estas numerosas preguntas deben recibir sus amargas respuestas.

Las cuestiones jurídicas sobre la posesión de los cuerpos espaciales y sus recursos naturales, y la naturaleza de los demandantes, se están convirtiendo en temas existenciales.

A raíz de la naturaleza de la naturaleza, los humanos del futuro deben estar bien preparados para un sinfín de batallas para sobrevivir a la competencia.

Ahora bien, no existe ninguna propiedad privada o nacional sobre los cuerpos espaciales del Sistema Solar, excepto la Tierra. ¿A quién le pertenecen las aguas, los minerales y los metales en Marte y en la Luna, si una empresa (humana o alienígena) comienza a explotarlos? ¿A quién se deben pagar los impuestos? Los terrenos extraterrestres no pertenecen a nadie, pero el beneficio del turismo y de la industria pertenecerá a los magnates poderosos, empresas y naciones que son capaces de iniciar un negocio allí.

Las naciones y las empresas privadas pronto se darán prisa para construir bases en la Luna y empezar la explotación minera de helio-3, metales, metales de tierras raras, agua y minerales.

Estoy convencido de que en los próximos años habrá propietarios corporativos y privados legítimos de las tierras extraterrestres, con auténticas escrituras de propiedad. El Tratado del Espacio Exterior es obsoleto e inadecuado. Refleja el pensamiento de tiempos pasados. La Ciencia, el pensamiento humano y las tecnologías del espacio han progresado mucho más allá de aquellos tiempos. El Tratado del Espacio Exterior no protege a la raza humana. El nuevo tratado debería animar a los seres humanos para iniciar la colonización y la industrialización de los cuerpos celestes del Sistema Solar, y a poseer legalmente propiedades sobre todos ellos.

Los seres humanos deben asumir los riesgos existenciales de la rápida evolución de la ciencia, tecnología, tecnología militar, y de entrar en el espacio, o sino serán eliminados por los competidores alienígenas.

El balance es muy incómodo, pero esta es nuestra única oportunidad de sobrevivir.

Un Tratado sobre Riesgos Existenciales o al menos una declaración de intenciones, estarán en la agenda, en las próximas décadas. Debe cubrir todos los riesgos existenciales de la humanidad y debe ser actualizado cada pocos años, debido a la rápida evolución de la ciencia y de las tecnologías, que podrían suponer el peligro de extinción de nuestra civilización.

El desarrollo de la humanidad, de la ciencia y de la tecnología significa asumir riesgos existenciales, pues podríamos destruirnos a nosotros mismos en cualquier momento.

Tenemos la difícil tarea de descubrir y de desarrollar nuevas tecnologías, incluidas las más peligrosas, sin destruirnos a nosotros mismos. También debemos crear un sistema de defensa poderoso para protegernos contra posibles ataques humanos y no humanos.

Los gobiernos humanos podrían restringir la investigación de las tecnologías más peligrosas y los experimentos científicos, pero eso nos pondría en riesgo, al no tener la respuesta correcta cuando somos atacados o amenazados por terroristas de alta tecnología o por civilizaciones alienígenas.

Debemos sopesar muy cuidadosamente entre el control de la ciencia y de las tecnologías militares, por una parte, y el conocimiento y la investigación libre, por el otro lado. El exceso de control y la restricción inhibirían el progreso científico y tecnológico y pondrían en peligro a la humanidad en el futuro próximo. Menos control tiene el mismo efecto negativo.

Por desgracia, en el siglo 20 hubo millones de víctimas debido al uso militar de algunas nuevas tecnologías y a los accidentes industriales. En un futuro próximo serán miles de millones, debido a la creciente población de la Tierra y al creciente poder de la ciencia, de la industria y del ejército. Las armas de destrucción masiva son mucho más devastadoras y se transportan con facilidad a cualquier punto del planeta.

¿Que deberíamos hacer para reducir los riesgos existenciales?

1. Controlar la ciencia, la tecnología y el ejército;

2. Grandes inversiones en ciencia, tecnología y en el ejército moderno;

3. Tratados internacionales que regulen la ciencia, la tecnología y sus implicaciones militares.

Las medidas para reducir los riesgos existenciales parecen bastante contradictorias y lo son realmente, pero eso es el camino hacia la salvación de la humanidad.

La colonización del espacio es una de las soluciones clave para reducir el riesgo de extinción.

CAPÍTULO 10

HOMO FUTURUS

Las raíces del presente están profundamente ancladas en el futuro.

¿Por qué los extraterrestres invadirían la Tierra, en cualquier caso? Para comernos a nosotros y a todos los demás animales, para utilizar los órganos humanos como piezas de repuesto, por nuestra sangre (para beberla, para rituales de magia, para uso médico), por nuestro oro y diamantes, para cazar humanos por el mero placer, para utilizar los seres humanos en sus procesos de reproducción específicos, para utilizar los seres humanos como esclavos sexuales, para experimentos médicos, para usar los humanos como trabajadores gratuitos o como siervos exóticos, por alguna clase de perverso placer extraterrestre, para apropiarse de nuestro petróleo, uranio, metales y minerales, para utilizar la tierra como un lugar de vacaciones exóticas, para cultivar en la Tierra hierbas y especias específicas y drogas valiosas, para elevarnos forzosamente a una forma de vida no antrópica, no deseada...

Creo que lo que iban a necesitar más que nada es nuestra Tierra habitable, al igual que nosotros vamos a necesitar otros planetas para nuestra colonización espacial. Todas las civilizaciones cósmicas estarán buscando otros mundos habitables con el fin de aumentar sus posibilidades de supervivencia y para los negocios.

HOMBRE UNIVERSAL

Algunos podrían pensar que los humanos y los extraterrestres podrían vivir juntos y en paz en los planetas colonizados. Difícilmente, porque las razas cósmicas van a ser muy diferentes las unas de las otras: respiran un aire diferente (mortal para las demás), llevan diferentes microorganismos en sus cuerpos (peligrosos y posiblemente mortales para las demás), están adaptadas a un entorno con diferentes microorganismos, están acostumbradas a diferentes presiones atmosféricas y a una gravedad diferente, viven en ambientes muy distintos, tienen un metabolismo completamente distinto, etc. Las criaturas sapientes de diferentes planetas tendrán que usar trajes protectores con el fin de vivir en el mismo planeta, la misma construcción orbital, o nave espacial.

La romántica cantina de la ciudad pirata de la película de *Star Wars,* en el planeta Tatooine, donde los individuos de diferentes civilizaciones extraterrestres beben, comen y juegan juntos, sin ningún tipo de trajes ambientales, no es posible.

Por supuesto, todo el mundo puede visitar un bar, pero deberían utilizar un representante de las máquinas superiores, popularmente conocido como avatar (biológico, semibiológico o electromecánico) o deben usar un traje de protección, para tomar una copa y charlar con los demás alienígenas.

Los planetas colonizados deben ser terra-formados y adaptados a las necesidades de una civilización o de unas cuantas razas cósmicas similares. Sería una ocasión muy poco común para las razas cósmicas, de estar tan cerca y que pudieran vivir en el mismo entorno sin trajes protectores.

Por otra parte, las civilizaciones cósmicas pondrán enormes esfuerzos para el rediseño y la mejora de sus cuerpos, haciéndolos universales para vivir en diversos entornos que son diferentes de su planeta de origen, satélites, construcciones orbitales, naves espaciales, etc., sin trajes de protección. Incluso las modificaciones físicas y funcionales más radicales del cuerpo se convertirán en algo común.

AUTOSUPERACIÓN DE LOS SAPIENS

Las razas cósmicas con cuerpos universales y mejorados, podrían realmente tomar una copa y charlar en la cantina, en el planeta Tatooine, si sus cuerpos fueran como trajes protectores ligeros. No van a respirar el aire local, puesto que ellos llevan un sistema de energía autónomo o semi-autónomo incorporado, que no requiere el consumo de oxígeno o de otros gases, al menos durante mucho tiempo. Tendrán suficiente energía almacenada en sus cuerpos. Se modificará su metabolismo y su suministro de energía.

Por supuesto, las razas cósmicas son demasiado diferentes, y sólo algunas de ellas podrían vivir juntas en el mismo entorno, incluso con cuerpos universales. Debería haber una lista de admisión en la entrada de la cantina. Todos los demás deberían usar trajes de protección.

La evolución natural será prácticamente reemplazada por una evolución artificial y biotecnológica, para que los cuerpos se desarrollen a gran velocidad, incluso durante el tiempo de vida de los individuos. Cada uno tendrá el derecho y la posibilidad de realizar mejoras en su cuerpo. De esta manera las criaturas llegarán a ser bastante diferentes unas de otras. Algunas de las mejoras resultarán ser fracasos, pero muchas de ellas van a mejorar la raza en su conjunto.

La ingeniería genética será capaz de crear ADN artificial de seres inteligentes, incluyendo los humanos. Del ADN impecable, las madres (artificiales, biológicas o semibiologicas) podrían dar a luz a bebes perfectos, hechos a medida, o al menos muy cercanos a la perfección. El ADN artificial será constantemente mejorado por los ingenieros genéticos, y no por la evolución genética natural. El tipo darwiniano de selección natural no podrá conservarse con la ingeniería genética. Los humanos serán diseñadores inteligentes de sí mismos. Los seres humanos también se convertirán en creadores de otras inteligencias, lo que demuestra el concepto principal del creacionismo. Las inteligencias están creando nuevas inteligencias todo el tiempo, por lo menos cuando estén en condiciones de hacerlo. Por supuesto, aún no podemos responder la cuestión principal: ¿cuándo y cómo comenzó este interminable proceso de creación de inteligencias por otras inteligencias?

La mejora física y mental será una necesidad para todos, con el fin de sobrevivir a la competencia con las otras razas del espacio, que también irán evolucionando a una velocidad tremenda.

Los bebés de diseño serán comunes. Tal descendencia tendrá una composición genética que ha sido cuidadosamente seleccionada artificialmente por la ingeniería genética para asegurar la presencia y la ausencia de genes o características particulares, y para añadir nuevos genes, lo que permitirá a las personas que tengan órganos artificiales adicionales o dispositivos bio-mecánicos, por ejemplo, una biocomputadora incorporada. Los padres pueden también combinar el ADN de varias personas para conseguir las mejoras biológicas deseadas para su descendencia.

Hasta ahora, los seres humanos han utilizado el material genético de ambos padres naturales para producir descendencia. En un futuro próximo, la situación va a ser completamente diferente, y en muchos casos, los padres serán más como patronos de los niños que verdaderos padres y madres biológicos.

Hay un acalorado debate sobre la ética de la biotecnología humana o la ingeniería genética. ¡¿Por qué no, en efecto?!

Sin embargo, debemos recordar que el perfeccionamiento humano para superar las actuales limitaciones del cuerpo humano, y la feroz competencia con otras razas cósmicas y entre los propios humanos, va a convertir las nuevas tecnologías de una necesidad.

El choque entre "bioliberales" y "bioconservadores" es como el debate que duró millones de años entre nuestros antepasados: "Para permanecer en los árboles y ser conservadores felices para siempre " y "caminar sobre dos pies alrededor del mundo de los liberales." Los conservadores siempre felices no sobrevivieron a la evolución altamente competitiva en la Tierra. Ahora los podemos ver sólo en forma de viejos huesos mineralizados en cajas de cartón o expuestos en museos. Los antiguos liberales aventureros siguen vivos y coleando en todo el mundo, planeando conquistar la Galaxia.

Los liberales modernos defienden que la sociedad humana tiene el derecho de mejorar las capacidades físicas y mentales de los individuos y de su descendencia (nacida y no nacida), utilizando las nuevas tecnologías emergentes. Ellos afirman que tienen el derecho sobre la decisión de sus propios cuerpos.

Existen varias tecnologías nuevas que se aplicarán para mejorar la humanidad.

La neurotechnología utiliza hoy en día tecnologías para mejorar y reparar el sistema nervioso y el cerebro humano, a través de implantes, productos farmacéuticos, terapia celular, una mejor electroencefalografía para registrar la actividad eléctrica del cerebro, la simulación por ordenador de la actividad cerebral, la estimulación magnética y eléctrica directa del cerebro, nuevas tecnologías de la imagen, como la tomografía computarizada, la tomografía por emisión de positrones y la resonancia magnética. Disponer de un *feedback* directo y comprensible de las actividades del cerebro ayudará a mejorar la actividad de nuestra mente, a disminuir los síntomas de algunas enfermedades, y a facilitar el control sobre el dolor, etc.

La cibertecnología se ocupa de los dispositivos electromecánicos que se implantan en el cuerpo humano para mejorar las capacidades de la persona.

Las nanotecnologías están estrechamente relacionadas con las biotecnologías y las cibertecnologías.

Las tecnologías genéticas, también llamadas ingeniería genética y modificación genética, son la manipulación directa del ADN. Esta tecnología utiliza técnicas como la inserción y extracción de genes en, y desde el ADN del huésped, la clonación molecular para crear una secuencia de ADN, la síntesis de ADN, la introducción de mutaciones pequeñas a través de diversas técnicas, y así sucesivamente.

El objetivo principal del mejoramiento de la raza humana no es para que un ser humano gane el concurso del "Súper Ídolo Galáctico", sino para ganar en "La Competencia de las Razas Cósmicas" y sobrevivir en el Universo en constante cambio.

A lo largo de la historia, el cuerpo humano se ha adaptado al medio ambiente. Pronto podríamos ser capaces de cambiar y de mejorar nuestro cuerpo para vivir más tiempo, para tener una mejor capacidad física y mental, y para vivir cómodamente en entornos que son un poco diferentes a la Tierra: con diferente gravedad o ausencia de gravedad, con menores o mayores niveles de oxígeno en el aire, gases atmosféricos ligeramente diferentes, diversos microorganismos ambientales, etc. El sistema inmunológico artificial y el sistema inmunológico natural mejorado van a destruir los gérmenes no deseados que entran en el cuerpo humano.

Los cuerpos universales cambiarán y se desarrollarán a lo largo de los siglos, las civilizaciones cósmicas dispondrán de varios enfoques sobre cómo mejorar sus cuerpos. Van a aprender unas de otras.

Los cuerpos humanos se volverán más fuertes y más altos. Podrían obtener energía a partir del oxígeno atmosférico y de los alimentos, pero también tendrán incorporados fuentes de energía adicionales hasta aparatos electrónicos, así como un mejor esqueleto y músculos, y un exoesqueleto, si es necesario.

En un futuro próximo, habrá dos posibilidades fundamentales para llevar una computadora dentro del cuerpo: una biocomputadora que crece dentro del cuerpo humano, de los extraterrestres, o de los animales, o bien implantes de dispositivos de computación electrónica. En ambos casos, debe haber comunicación por radio con Internet, a través de Wi-Fi o Bluetooth, o por medio de sistemas similares del futuro próximo. Las computadoras pueden venir en dos versiones. Primera versión: los equipos estarán solamente en el interior del cuerpo. Segunda versión: parte del equipo estará en el interior del cuerpo, mientras que la otra parte estará sobre el cuerpo. El dispositivo incorporado podría ser biológico, semibiologico o electromecánico, mientras que la parte que está sobre el cuerpo podría ser una WearComp.

Semejante equipo incorporado será parte de nosotros mismos y la gente lo sentirá como una I-comp (yo- computadora).

La I-comp proporcionará una realidad virtual aumentada.

Las nanosondas que habitan en el cuerpo humano mantendrán todos los sistemas biológicos y cibernéticos, repararán los daños y protegerán de microorganismos virulentos.

Los seres humanos deben crear un potente sistema inmune artificial para ayudar al sistema inmune natural, pero éste también tendrá funciones adicionales, como la eliminación de nanosondas con funcionamiento defectuoso, alienígenas, hostiles e indeseadas. Otra aplicación potencial del sistema inmune artificial es la detección de los productos químicos tóxicos, la desintoxicación, y su eliminación del cuerpo.

Los nanobots en el cuerpo podrían llevar a cabo pequeñas operaciones. También podrían sintetizar importantes medicamentos y vacunas a partir de materiales corporales.

Huesos rotos pueden ser reparados en cuestión de minutos por los nanobots y los hombres podrían volver a utilizar el miembro roto de inmediato. No habrá ataques al corazón, ni hemorragias cerebrales.

Los nanobots podrían incluso producir alcohol dentro del cuerpo humano, por lo que uno podría emborracharse sin consumir bebidas alcohólicas, lo que podría resultar muy conveniente en muchos casos y a veces también absurdo.

Los nanobots también podrían sintetizar suplementos para aumentar el placer.

Estaremos controlando el metabolismo artificialmente con el fin de mejorar nuestra salud y nuestra capacidad física y mental.

Los seres humanos utilizarán implantes avanzados y prostética para restaurar y mantener la salud y así mejorar las capacidades humanas. También se incorporarán armas.

La prostética es la rama de la cirugía que se ocupa con la sustitución de miembros u órganos que faltan con sustitutos artificiales.

Un implante es algo implantado en el cuerpo humano, sobretodo quirúrgicamente, por ejemplo, un marcapasos, válvulas cardíacas, un chip de interfaz de ordenador, y muchos otros.

Biológicamente hablando, los seres humanos son animales prácticos y naturales que hablan, y que tienen algunos conocimientos rudimentarios del mundo. Pero ahora estamos entrando en la siguiente fase: *Homo implanticus*. Los hombres y las mujeres que ya se están implantando prótesis que permanecen en el cuerpo: corazones, articulaciones artificiales, marcapasos, bombas de insulina, senos, dientes, lentes oculares, implantes cocleares, retina, válvulas cardíacas, y muchos otros, dado que su número y funcionalidad van en aumento. En un futuro cercano los humanos se implantarán WearComps, nanobots, dispositivos que suministran fármacos, etc., dando así un paso más hacia los cyborgs, que es la abreviatura de "organismo cibernético". Los humanos tendrán mejoras biológicas y artificiales (electrónicas, mecánicas, y biológicas).

El *Homo implanticus* se convertirá en *Homo cyberneticus*.

Los órganos artificiales, los órganos de repuesto naturales, los dispositivos bioelectrónicos, etc., se podrían cultivar en el interior del cuerpo en casi cualquier etapa del desarrollo individual de la persona, pero la gente obtendrá la mayoría de ellos en la primera infancia.

Lee Sweeney de la Universidad de Pennsylvania utilizó la tecnología de transferencia genética para desarrollar diversos ratones de laboratorio súper atléticos, unos " ratones mejores que Schwarzenegger." Él está desarrollando tratamientos que podrían frenar el declive muscular relacionado con la edad. En su laboratorio, Sweeney ha creado ratones que siguen teniendo en la vejez enormes músculos y una fuerza significativa.

Pronto tendremos tratamientos genéticos en los deportes competitivos y en el ejército para mejorar la fuerza, la resistencia, la visión, etc. Algunos expertos dicen que ya se están utilizando estos tratamientos en secreto, en la mayoría de los casos.

El Comité Olímpico tendrá la difícil tarea de aprobar o rechazar los deportistas con músculos genéticamente mejorados, corazones más fuertes, más oxígeno en la sangre, huesos modificados, pulmones más grandes, aumento de estatura, manos largas, un metabolismo modificado, etc.

El Comité podría decidir que debería haber dos tipos de Juegos Olímpicos: para la gente normal y para "mutantes", es decir, los deportistas genéticamente mejorados. Si el comité olímpico rechaza los deportistas mejorados, surgirán los Juegos de los Mejores. Los Juegos Olímpicos serán para los débiles y anticuados, y las Olimpiadas volverán a ser historia.

De acuerdo con la Agencia Mundial Antidopaje, el dopaje genético es "el uso no terapéutico de células, genes, elementos genéticos o de la modulación de la expresión génica que tengan la capacidad de mejorar el rendimiento atlético."

Es muy difícil para la Agencia Mundial Antidopaje, determinar qué anomalías son una prueba de dopaje genético, y cuales son realmente naturales, aunque propiedades biológicas poco comunes.

Por ejemplo, el esquiador finlandés Eero Mäntyranta tenía una mutación que hacía que su cuerpo produjera cantidades anormalmente altas de glóbulos rojos de la sangre. A la Agencia le resultaría difícil, determinar si los niveles de glóbulos rojos o de otras mutaciones beneficiosas se deben a una ventaja genética innata o a una artificial, y tomar una decisión con respecto a estos deportistas, ya que no hay una norma genética o estándar.

Los seres humanos genéticamente alterados y mejorados se convertirán en súper elite.

Los humanos normales no pueden estar a la altura de los individuos mejorados, que serán más inteligentes, más sanos y más ricos. Ellos vivirán mucho más tiempo, y concentrarán un poder económico, político y social enorme en sus vidas mucho más largas. Su número aumentará dramáticamente y ellos se convertirán en la gente normal. Las personas naturales, no mejoradas, se convertirán en una minoría insignificante y parecerán una especie de monstruos, protohumanos subdesarrollados, versiones anteriores de *Homo sapiens*.

La mejora será la norma.

Las personas no mejoradas no se rendirán fácilmente. Ellos lucharán de muchas maneras contra los "monstruos" mejorados, pero el resultado está claro. Los mejorados serán los normales. Las personas naturales desaparecerán, al igual que los Neanderthals.

Las modificaciones genéticas y la mejora proporcionarán enormes ventajas competitivas para los individuos y para las civilizaciones. Súbase al carro de la mejora o usted será un perdedor, literalmente. Desde los albores de la vida y de la inteligencia en la Tierra, ha habido perdedores genéticos, nacidos en todo momento.

Todas las civilizaciones cósmicas se enfrentan a riesgos existenciales y a la dura competencia. ¿Adivina quién va a sobrevivir? ¿Las civilizaciones y los individuos naturales, subdesarrollados, o los más inteligentes, más eficientes, y longevos?

En la era post-humana, las futuras criaturas serán tan diferentes como lo somos nosotros, en comparación con las criaturas similares a los lémures de los que descendemos. Las civilizaciones extraterrestres avanzadas seguirán el mismo patrón.

Este es un breve resumen de algunas de las posibles modificaciones de los seres humanos en el futuro próximo.

¿Podemos predecir el desarrollo de la raza humana después del futuro próximo? Nosotros no tenemos la menor idea de lo que será el sapiens en la Tierra y en otros planetas. Nadie de los que vivimos en este planeta lo sabe. Más allá de cierto punto, no sabemos cómo se desarrollarán la ciencia, la tecnología y el futuro hombre.

Los cuerpos de las criaturas sapientes se desarrollarán más allá de nuestra comprensión actual.

Nos topamos contra un muro de profecías. Este es un horizonte de eventos intelectuales y del conocimiento, más allá del cual el hombre de hoy no puede ni predecir ni entender.

LOS SAPIENS MEJORAN LOS SAPIENS Y OTROS ANIMALES

Los progresores, un término acuñado por Boris y Arkady Strugatsky, son individuos de civilizaciones avanzadas que facilitan el progreso de las razas cósmicas menos avanzadas. Los progresores trabajan encubiertos e introducen en las sociedades inferiores nuevas ideas científicas, nuevas tecnologías (que también podrían ser utilizadas para hacer un mejor vodka), nuevas filosofías, nuevos modelos sociales, nuevos impulsos para facilitar las artes, etc. También ejercen un insignificante control sobre el desarrollo histórico de la civilización administrada.

Los defensores del *uplifting* son más drásticos. Ellos proponen la modificación genética de las especies inferiores y el dominio total, a fin de que sean lo más inteligentes posible.

La Primera Directiva de *Star Trek* defiende la estrategia opuesta con respecto a las especies sapientes menos desarrolladas: ningún tipo de interferencia con el desarrollo de las civilizaciones cósmicas.

Una computadora *wetware* es un equipo orgánico construido a partir de neuronas vivas. Es un cerebro orgánico artificial, también denominado neuroordenador.

La BioComp también podría consistir en compuestos orgánicos y electrónicos, fusionados en bioelectrónica y podrían ser cultivadas en el interior del cuerpo, siguiendo las instrucciones del ADN. Los modelos de la BioComp se insertan en el ADN de la criatura antes de nacer. La BioComp está estrechamente interconectada con el cerebro, el sistema nervioso, los nanobots, el sistema inmune artificial, los sensores en el interior del cuerpo, etc. También podría implantarse quirúrgicamente.

La BioComp también está conectada a la red.

Los humanos podrían elevar a los animales a través de la ingeniería genética y bien cultivando o implantando biocomps en su interior.

Podríamos obtener animales que hablan, a través de la modificación genética o del implante de su laringe (comúnmente llamada la caja de voz).

Los animales elevados podrían trabajar para nosotros y con nosotros. Los animales genéticamente modificados se utilizarán para el servicio doméstico, para cuidar de personas mayores, como acompañantes de personas solitarias, etc., junto con las máquinas superiores.

Los animales con BioComp podrían hablar, pero también podrían intercambiar información a través de la red, entre sí o con los humanos en forma de fotografías, textos simples, etc. A través de la red, podríamos observar y controlar.

En la película *2001: Una Odisea del Espacio*, los humanos son unos monos elevados y cualificados. En realidad, los simios no son los antepasados de los humanos. El error popular origina en la obra de Darwin, y continúa hasta nuestros días.

El *Uplift* (la elevación), la ingeniería genética y los proyectos eugenésicos para producir seres humanos y razas alienígenas son temas populares en la ciencia ficción.

Las criaturas elevadas y las criaturas con BioComp podrían tener un acceso directo a la red, a través de sus matrices. Los seres humanos también podrían tener acceso a las matrices y a las mentes de los elevados y podrían controlarlos, mediante la incorporación de imágenes, audio, texto, pensamientos, ideas, mitos, emociones, etc.

A través de la matriz y la BioComp podríamos ver, oír y sentir lo que los animales, perciben, sienten y piensan.

A través de los animales elevados más competentes, sus líderes, científicos, escritores, artistas, etc., podríamos crear una sociedad que se desarrolla con rapidez bajo nuestro control.

De esta manera, los humanos, podrían fácilmente introducir nuevas ideas científicas y políticas, filosofía, conducta social, etc.

Los patronos podrían proyectar directamente en sus mentes, imágenes, sonidos, emociones (religiosos, personales y sociales), dioses, voces, mensajes de los extraterrestres sabios del planeta púrpura, criaturas mitológicas, OVNIs, y todo tipo de fenómenos. Suena familiar, ¿verdad?

De esa manera, los seres humanos, podrían ser elevadores (*uplifters*), no sólo elevados. También podríamos ser maestros, no sólo los sujetos (bajo el poder y la autoridad de una civilización superior).

Los seres humanos, en el futuro, también podrían elevar las criaturas de otros planetas, no sólo los animales de la Tierra.

También podríamos ponerlos en un "sistema solar", hecho por el hombre, mientras que el resto del Universo será una simulación. En esa etapa de su desarrollo, un sistema solar es más que suficiente, ya que no tienen la tecnología para viajar fuera del sistema local y no pueden comprobar que su universo no es real.

Los seres humanos parecen exactamente un rebaño de animales elevados y controlados, organizados en una sociedad, y bajo la supervisión de un patrono.

La ciencia contemporánea aún es rudimentaria y no puede confirmar o rechazar semejante posibilidad.

Todavía no sabemos lo que es el resultado de la mera casualidad y lo que está programado por adelantado o lo que podemos, o no podemos cambiar.

Los estudiosos tampoco pueden responder a otras grandes preguntas. ¿Vivimos en un universo de diseño? ¿Estamos sujetos a una evolución de diseño? ¿Somos una civilización de diseñadores?

EPÍLOGO

CIENTÍFICOS JUGANDO CON GUIJARROS EN LA ORILLA DEL LAGO

Hace años, se encontraba entre mis libros para las vacaciones de verano, *Recuerdos, sueños, pensamientos* de Carl Jung.

Al leer su obra aquel verano en el Mar Negro, tenía la constante sensación de que el autor estaba ocultando algo, por alguna razón. Carl Jung se estaba deslizando sobre la superficie de un hermoso lago, pero nunca se sumergió en las aguas para que los lectores pudieran ver lo que había debajo.

¿Qué les estaba ocultando a los lectores?

Jung incluyó en *Recuerdos, sueños, pensamientos* como apéndice *Septem Sermones ad Mortuos* (*Siete Sermones a los Muertos*). Aquello terminó con un anagrama.

Anagrama:

NAHTRIHECCUNDE

GAHINNEVERAHTUNIN

ZEHGESSURKLACH

ZUNNUS

Entonces pensé, ah, Carl Jung ocultaba en este texto cifrado la clave de su gran descubrimiento.

Hasta aquel verano, no había ni solución al anagrama, ni Internet. A finales de la década de 1990, se hizo popular ofrecer una resolución, incluso algo inimaginable.

Yo estudié en una escuela secundaria de lengua alemana y teníamos que estudiar autores alemanes, tan difíciles de comprender, como Johann Wolfgang von Goethe. Yo estaba fascinado por el protagonista Fausto. Con los años, mi alemán y Fausto fueron enterrados en las arenas del pasado, pero unas pocas líneas del comienzo de la tragedia siguen vivos y coleando en mi mente.

Fausto:

Habe nun, ach! Philosophie,

Juristerei und Medizin,

Und leider auch Theologie

Durchaus studiert, mit heißem Bemühn.

Da steh ich nun, ich armer Tor!

Und bin so klug als wie zuvor;

Heiße Magister, heiße Doktor gar

Und ziehe schon an die zehen Jahr

Herauf, herab und quer und krumm

Meine Schüler an der Nase herum –

Und sehe, daß wir nichts wissen können!

Ay, he estudiado ya Filosofía,
Jurisprudencia, Medicina,—
y también, por desgracia, Teología,—
todo ello en profundidad extrema y con enconado
esfuerzo.
Y aquí me veo, pobre loco, sin saber más que al
principio:
Tengo los títulos de Licenciado y de Doctor y hará
diez años que arrastro a mis discípulos de arriba abajo,
en dirección recta y curva,—
y veo que no sabemos nada.
Esto consume mi corazón.
Claro está que soy más sabio que todos esos necios
doctores, licenciados, escribanos y frailes;
no me atormentan ni los escrúpulos ni las dudas, ni
temo al infierno ni al demonio.

La tragedia fue muy bien traducida por Miguel Salmerón. Por supuesto, el texto es más impresionante en alemán y al leerlo, uno tiene un fuerte sentimiento del poder interno del poema y de a filosofía de Goethe.

En la escuela secundaria, nos enseñaron que la ciencia es el instrumento más poderoso para la comprensión y revelación de la naturaleza. No hubo clases de religión, y ni siquiera una pizca de algo que fuera diferente a la ciencia, así que me sorprendió que cuando Fausto, en sus actividades intelectuales, se tropezó contra un muro, se volvió hacia el ocultismo para encontrar una solución, firmando un contrato con el diablo para obtener más conocimientos y poderes mágicos. Entonces, pensé que esto se debía a que en la época de Goethe y durante muchos siglos antes de su poema (leyendas similares circularon durante miles de años en muchas formas), la ciencia era aún muy primitiva, pero ahora tenemos la ciencia moderna y poderosos instrumentos, por lo que no podemos tropezar de nuevo contra el mismo muro y tener las mismas reacciones que Fausto. El alumno de secundaria quería saber más sobre el peculiar contrato con el diablo y por qué Fausto falló, incluso después de la ayuda definitiva del mismo diablo, quien estuvo entre los abogados del Todopoderoso y tenía el mismo poder que los dioses. Me pareció muy poco realista que Fausto fallara, teniendo un aliado tan poderoso.

Sorprendentemente para mí, el científico Carl Jung también se encontró con una situación similar a la de Fausto, pero él tenía una clave secreta para un conocimiento importante. El tenía la resolución y yo quería saber cuál era el descubrimiento oculto de Jung. Entonces me acordé de que una de sus ideas centrales fue que después de años de estudio y de investigación, los eruditos finalmente se convierten de nuevo en niños que juegan con guijarros en la orilla del lago.

Años después de mi lectura de verano de *Recuerdos, sueños, pensamientos*, decidí volver a examinar la parte del niño que estaba jugando en la orilla del lago. Tal vez ahora sería capaz de entender más.

C. G. Jung escribió:

"Los sueños me impresionaban, pero no podían ayudarme a vencer mi sensación de desorientación. Por el contrario, vivía como bajo una opresión interna... Por dos veces repasé todas las particularidades de mi vida, especialmente los recuerdos de mi infancia, pues creía que quizás había algo en mi pasado, que no pude ver y que posiblemente pudiera considerarse como causa de mi trastorno. Pero la ojeada retrospectiva resultó infructuosa y tuve que aceptar mi ignorancia. Me dije: 'no sé en absoluto lo que hago ahora, ni lo que me sucede'. Así pues, me abandoné voluntariamente a los impulsos del inconsciente..

... Empecé a acumular las piedras adecuadas, recogiéndolas en parte de la orilla del lago y en parte del agua. Y empecé la construcción: casas de campo, un castillo, un pueblo entero ".

Durante años, he estado tratando de recuperar una memoria particular de lo supuestamente más importante de mi primera infancia, pero nunca he logrado recordarlo. Tuve la sensación constante de que esta esquiva memoria específica tendría un poder transformador y aclararía mi comprensión de la naturaleza y del funcionamiento del mundo.

Entonces, de repente me di cuenta de que la presión sobre mí para recuperar una memoria infantil inexistente, en realidad era una presión desde el inconsciente a permanecer en su reino. Fue utilizado el mismo truco sobre mí como sobre Jung.

Carl Jung no estaba ocultando nada. No podía salir del inconsciente. Él fue víctima de su gran descubrimiento, el inconsciente colectivo.

Y Jung sabía que él era un prisionero. Incluso trató de encontrar una salida, pero aún permanecía donde estaba, proponiendo individuación, un proceso por el cual se establece la totalidad del individuo a través de la integración de la conciencia y del inconsciente colectivo. Pero es como una huida del inconsciente colectivo, sin salir de él.

Para Carl Jung, Goethe, los místicos, los magos, los ocultistas, y similares, ésta era la solución adecuada, pues era práctica y con algunos beneficios para ellos. Yo podría estar de acuerdo con los beneficios y con la búsqueda de la paz interior, pero para mí sigue siendo un truco del *Barón Munchhausen*. No era la manera de salir de la esfera del inconsciente colectivo e individual, condescendiente con los humanos.

Muchos estudiosos han comprendido que después de años de aprendizaje y de investigación, no logran captar la esencia de la naturaleza y de sí mismos, y no tienen ningún control sobre sus vidas. Se han sentido perdidos y traicionados. Sólo podían jugar con guijarros en la orilla del lago.

A este punto, el hombre casi siempre se vuelve hacia la religión, el ocultismo, lo paranormal ... lo que sea, las manifestaciones del inconsciente colectivo tienen muchos nombres y rostros, pero después de años de investigación científica y experiencia personal con un sistema preferido o impuesto de manifestaciones, los académicos de nuevo tropiezan contra un muro de ignorancia, mentiras, cuentos de hadas, mitos, trucos, bromas e ironía (generosamente suministrado por el inconsciente). Sin embargo, también disfrutan de algunos beneficios (generalmente de una mejor salud, paz interior, orientación para el bien y el mal, consejos útiles de origen desconocido, a menudo haciéndose pasar por dioses, extraterrestres, criaturas mitológicas, parientes muertos, etc.), pero el hombre no consigue lo que está buscando, una imagen auténtica de la Naturaleza y del libre albedrío. La historia personal inevitablemente termina aquí.

En su libro *Dimensions: A Casebook of Alien Contact*, Jacques Vallee llegó a la misma conclusión arcaica:

"Propongo que existe un sistema de control espiritual de la conciencia humana y que los fenómenos paranormales como los OVNIs son una de sus manifestaciones. No puedo decir si este control es natural o espontáneo, si es explicable en los términos de la genética, de la psicología social, o de fenómenos ordinarios, o si es de una naturaleza artificial, bajo el poder de una voluntad sobrehumana".

Las tradiciones orientales tienen ideas similares.

"Antes de que el hombre estudie Zen, para él las montañas son montañas y las aguas son aguas. Después de profundizar en la verdad del Zen y de llegar a un conocimiento más íntimo, las montañas para él ya no son montañas y las aguas ya no son aguas. Pero después de finalizar su transformación, las montañas son nuevamente montañas y las aguas vuelven a ser aguas", ensayos sobre el Budismo Zen.

Yo añadiría, si el hombre realmente podría alcanzar la libertad imposible desde el inconsciente condescendiente y ver las cosas de nuestro mundo, el hombre vería que no hay montañas ni aguas. No hay nada, pero absolutamente nada. Una ilusión, un doloroso campo de juegos fantasma para el desarrollo de la complejidad. Los seres humanos son sólo formas transitorias, dando lugar a formas desconocidas e incomprensibles del ser.

FUGA

Un protagonista de *Historia anónima* de Anton Chéjov dice:

"... Creo que será más fácil para las próximas generaciones y lo van a ver más claro, nuestra experiencia estará a su servicio. Pero nos gustaría vivir al margen de las futuras generaciones, y no sólo para ellas. La vida es única y queremos vivirla con alegría, de forma significativa, bonita. Queremos jugar un papel importante, independiente, noble, queremos hacer una historia, para que nuestros descendientes no puedan decir a nadie de nosotros que no hemos sido buenos para nada, o peor aún ... Creo en el propósito y la necesidad de todo lo que sucede a nuestro alrededor, pero ¿qué me importa de esta necesidad?, ¿por qué debería malgastarse mi 'yo'."

¿Por qué en realidad? ¿Podemos convertirnos en seres libres e independientes?

El último párrafo del libro *Dimensions: A Casebook of Alien Contact* de Jacques Vallee dice:

"Hay una extraña necesidad en mi mente: me gustaría dejar de comportarme como si fuera una rata presionando palancas, incluso si tuviera que renunciar durante un tiempo al queso y pasar hambre. Me gustaría salir del laberinto acondicionado y ver lo que le hace funcionar. Me pregunto lo que encontraría. Tal vez una terrible monstruosidad sobrehumana, la misma contemplación que haría que una persona perdiera su sano juicio? ¿Tal vez una solemne reunión de sabios? O la enloquecedora simplicidad de una cuerda de reloj desatendida? "

En la novela *Mil millones de años antes del fin del mundo* de Arkady y Boris Strugatsky, una fuerza misteriosa comienza impedir violentamente la investigación de un grupo de científicos. Uno de ellos incluso es asesinado, y uno a uno abandonan sus estudios de vanguardia. Vecherovsky, uno de los científicos bajo presión, quiere escapar de Moscú a los montes Pamir en Asia Central para continuar trabajando en su investigación.

¿Pero podría hacerlo?

... La mano izquierda sigue dominando, la mano derecha es débil, incluso ganando fuerza ...

En algún momento, en sus actividades personales, a menudo tomando unas pintas, los académicos empiezan a entender que los humanos son controlados por el inconsciente y obtienen una idea de cómo podría suceder eso. Por un corto tiempo se sienten liberados y parte de algún tipo de elite, halagados de estar entre los elegidos, pero luego se sienten humillados y víctimas. Algunos tratan de huir, pero al final muchos de ellos entienden que no hay escapatoria. El resto son engañados, en muchos casos, de muy buena gana.

La sensación de libertad que algunos individuos experimentan es un engaño, irradiado desde el inconsciente.

Uno de los descubrimientos trágicos de los estudiosos es, que uno no puede escapar del sistema omnipresente y omnipotente, al igual que no se puede escapar de la muerte.

Carl Jung tenía razón. No hay escapada, no hay esperanza, sólo hay personas oscuras y trágicas, arruinadas o transformadas.

Jung fue uno de los grandes caballeros del inconsciente colectivo, del pasado humano. Caminó alrededor de la antigua selva oscura y nunca encontró a su caballo para ver el mundo desde una perspectiva más elevada y para cabalgar hacia el castillo en las montañas para ver su propia imagen de caballero a caballo, reflejada en las aguas del lago negro. Para él era suficiente saber "El hombre aquí, Dios allí. La debilidad y la insignificancia aquí, el eterno poder creativo allí."

Jacques Vallee, Carl Jung, Goethe, y todos los demás son cautivos y aprendices del inconsciente colectivo guiado por una entidad desconocida que muchos estudiosos llaman el sistema de control o la agencia externa.

Pero ...

Siempre hay un "pero", pero ahora si de alguna manera, la humanidad lograra desconectarse del sistema, las personas tendrían la capacidad mental de un niño de 8 años (más o menos). Todavía es imposible pensar y desarrollar una civilización fuera del marco del inconsciente colectivo, por lo tanto, del sistema de control.

Así que por ahora, Jacques Vallee, Vecherovsky, Fausto, y todos los eruditos ficticios y reales no están en condiciones de realizar con éxito el experimento de ser independientes del sistema de control.

Aquí viene una supuesta cita de Adolf Hitler: "He visto al hombre nuevo. Es intrépido y cruel. Tenía miedo de él." La nueva generación de civilizaciones que vagan por el Universo, buscando desesperadamente la salvación, destruirán a miles de millones de seres humanos y a millones de extraterrestres. Los seres humanos harán lo mismo. Quizás Hitler nunca dijo esa frase, pero refleja la imagen brutal del futuro que está por venir. Los seres humanos deben estar preparados para un futuro tan difícil. La mayoría de la gente espera que el futuro sea una especie de paraíso tecnológico con personas eternas y felices, pero los seres humanos no fueron creados para ser felices y vivir tanto tiempo como ellos desean, sino más bien para desarrollarse lo más deprisa posible y luego ser reciclados.

¿Hay una ruta de escape? Tal vez las criaturas deben desarrollarse profundamente con el fin de poder desconectarse con éxito del sistema de control, y abandonar el Universo-*Kindergarten* o tomar el control del mismo.

Con su gran descubrimiento del inconsciente colectivo, Carl Jung estableció una pasadera, sobre la que podemos dar un paso y ver una imagen un poco más grande del jardín.

Sólo podemos imaginar el origen del inconsciente colectivo, que ha envuelto a todas las mentes humanas.

Tal vez este libro es otra pasadera y pisando sobre ella podríamos ver una imagen un poco más amplia de la naturaleza. Desde la misma pasadera algunos estudiosos, sin duda, van a ver una perspectiva que yo no puedo observar o que no he mencionado.

Salir de la esfera primitiva del inconsciente es el paso más importante en nuestro camino de convertirnos en *Homo sapiens sapiens*.

Por ahora, *Homo sapiens sapiens* es sólo un término que indica la dirección de nuestra evolución. Seguimos siendo animales que se originaron hace poco en algún lugar de África. Estamos etiquetados como *Homo sapiens sapiens*, para saber hacia dónde vamos. Las distantes generaciones futuras especificarán y nombrarán la iteración aún desconocida de los seres humanos.

Homo sapiens sapiens es el camino sobre el que marchamos. Para muchas personas tiene una apariencia más similar a la Vía Dolorosa.

Los seres humanos sólo se librarán de sus mentes animales cuando se liberen del mágico mundo del inconsciente.

Por lo tanto, el círculo está cerrado. Mi viaje a comprender el mundo terminó donde empezó, con la naturaleza de lo humano.

El hombre es un reflejo de un mundo mucho más grande y más antiguo que nuestro Universo.

El gran objetivo de todas las civilizaciones en desarrollo en nuestro Universo será de evolucionar lo suficiente como para romper con el patrón. La humanidad y nuestros hermanos cósmicos equivalentes, así como nuestros competidores todavía se encuentran en la guardería infantil con los cuentos de hadas cuidadosamente seleccionados y adaptados por los maestros de la institución.

El inconsciente colectivo e individual es la interfaz entre el organismo rector y los seres humanos.

Tomará miles de años para que los estudiosos entiendan el sistema de control.

OBRA MAESTRA

El mundo comenzó sin el hombre y terminará sin él.
—Claude Lévi-Strauss

El vector tiene la última palabra sobre el Universo y se convertirá en el objetivo final de las civilizaciones y de los individuos. El que pueda entender el vector se convertirá Magnus, el Grande, con un poder casi ilimitado (casi, debido al control de las mega civilizaciones).

Para convertirse en Magnus, será necesario un enorme poder científico y tecnológico para acceder al vector y ejercer cierto control sobre él.

Los modelos del Big Bang y de la inflación son dos enfoques muy diferentes para el comienzo de nuestro Universo.

El Big Bang sólo funciona bien para el período después del Big Bang. Ahora muchos científicos están inflando los universos en lugar de golpearlos.

De acuerdo con el comienzo explosivo de la teoría del Big Bang, el Universo empezó a existir como una "singularidad", la materia es aplastada en una densidad infinita, todo el Universo era un solo punto. ¡Santo golpe!, ¡ese simple punto debe ser irrealmente enorme! Antes de la singularidad, no existía nada en absoluto, ni espacio, ni tiempo, ni materia, ni la inteligencia, ni la información, ni energía, nada, nada! Al menos esto es lo que dicen los defensores del Big Bang.

El modelo de inflación para universos emergentes establece que un eterno campo escalar oscilante en un falso vacío está perdiendo energía, y entrega la misma en forma de partículas elementales que forman la materia inicial del universo futuro.

El Universo temprano llegó a través de la etapa de la inflación, una rápida expansión exponencial en una especie de estado inestable, similar al vacío con una gran densidad de energía, pero sin materia en cualquier forma. El estado similar al vacío de la teoría inflacionaria se asocia generalmente con un campo escalar, a menudo llamado "campo inflatón." El Universo viene a la existencia de forma casi explosiva y enorme, pero no explosivamente.

El término inflación es un poco engañoso porque no implica nada similar a un globo inflado, sino más bien una onda instantánea en una especie de campo escalar, que está perdiendo energía, que se entrega en forma de cuerdas/partículas vibratorias. Masa y energía son intercambiables: $E=mc^2$. El Universo no se hace cada vez más grande como un globo inflado. Simplemente viene a la existencia, enormemente grande y se expande.

El universo se inicia sólo como materia, todavía no existe un espacio-tiempo. Einstein escribió: "De acuerdo con la teoría general de la relatividad, las propiedades geométricas del espacio no son independientes, sino que están determinadas por la materia."

Con la materia viene la gravitación, con la gravitación viene la curvatura del espacio. Todavía no hay tiempo (por lo menos en la forma en la que lo conocemos).

Pero, ¿qué inicia la pérdida de energía en materia en el océano de energía siempre fluctuante? Las irregularidades (fluctuaciones) de la especie de campo escalar podrían ser amplificadas por una segunda especie de campo escalar, inducida por un agente externo, el vector. Las partículas del Universo que se está formando son cuerdas vibratorias, y cada diferente modo de vibración corresponde a una partícula diferente. Después de la formación del Universo, ellas continúan oscilando en el modo de materia-energía. La brana está oscilando entre la materia y la energía, y esta oscilación podría ser una explicación del curso del tiempo, que podría ser controlado, y por lo tanto, la brana, también. Se rige por un modelo memorizado de evoluciones previas del Universo. La cosmología de branas está apoyada por varias teorías de la cosmología y de la física de partículas. La idea central es que la parte visible del Universo está restringida a una membrana, que es el interior de un espacio multidimensional, llamado el "bulk".

Ciclo tras ciclo, los universos se hacen más suaves y sus productos finales son mejores. Nuestro Universo está afinado como si hubiera sido diseñado para mantener la inteligencia.

La idea del principio antrópico es engañosa en su suposición de que los seres humanos son el producto final. Nosotros sólo somos las primeras fases de numerosas civilizaciones sanas en nuestro Universo.

Los modelos de inflación suponen una evolución cíclica de los universos, mientras que el Big Bang es un evento accidental, de una sola vez.

Algunos investigadores están cocinando una mezcla elegante de Bing Bang y cosmología de inflación.

El comienzo de nuestro Universo no ha sido su génesis. Es sólo un paso del universo anterior al actual. Todavía no sabemos el mecanismo de transición y qué información se transmite de los universos anteriores.

Ahora los investigadores están considerando la posibilidad de que el comienzo de nuestro Universo fue causado por algo.

Los detalles del modelo cosmológico inflacionario del vector se irá perfeccionando con el tiempo, pero los atributos centrales se mantendrán: los universos como el nuestro son cíclicos. Se hereda la información. Los universos parecen antrópicos, afinados, y un éxito increíble (mucho más allá de cualquier evolución casual definida solamente por el Big Bang y la selección natural).

Desde una cierta perspectiva, el Universo, la vida y la inteligencia no son más que energía vibratoria gobernada por la información.

El vector almacena un registro de la historia del Universo desde su origen, incluyendo la vida individual de todos los seres vivos y de los seres humanos. Magnus, que tiene acceso a los registros, puede ver en detalle la historia geológica, biológica, y evolutiva de todo en el Universo y de cada individuo.

El vector puede resucitar cada ser que ha existido en la Tierra. Magnus podría hacer lo mismo.

Magnus podría cambiar el futuro y el pasado de los seres, estados, sistemas solares, de todo, a través del vector.

El vector tiene el poder de cambiar el pasado, que podría parecer más o menos diferente: sin dinosaurios, con dos razas inteligentes en la Tierra (si se tiene en cuenta la raza de esclavos de los seres humanos civilizados), sin Revolución francesa, pues a *Canis sapientissimus* no le gustan las revoluciones, Federico Castro trasladó la capital de La Española de la cálida isla de Cubao al norte, casi en la frontera con el Gran Ducado de Valdimir para evitar el tremendo calor causado por las erupciones solares, hubo gigantes dragones voladores hasta los tiempos medievales, cuando fueron exterminados por su sabrosa carne, el Estado Libre de Baviera del siglo 18 fue el primer país socialista del mundo y el principal defensor del Pacto de Danubio, que tiene una duración de 242 años, protegiendo Europa de los Melbs, que gobernaron en toda la Afroorienta.

Los seres humanos nunca sabrán que su historia ha sido cambiada. Ellos creen que su pasado inventado realmente sucedió, y que los dinosaurios realmente existieron en la Tierra.

Magnus puede conseguir todo lo que un hombre puede soñar: la riqueza, la vida eterna en perfecto estado de salud, y el poder de controlar los estados, grupos de animales y personas.

Magnus poseerá todo el conocimiento posible de las civilizaciones de este Universo y de los universos anteriores, que se almacena en el vector.

Todavía no sabemos el destino final de las civilizaciones cósmicas. ¿Van a perecer, o podrían abandonar algunas de ellas el Universo moribundo? ¿O habrá una afortunada huida de muchos billones de civilizaciones a otro universo?

El número promedio de espermatozoides por eyaculación es de aproximadamente 300 millones: miles alcanzan el óvulo, pero sólo uno sobrevive para fecundarlo.

De acuerdo a la evolución darwiniana, sólo el mejor o unos pocos sobrevivirán, ya sean espermatozoides o civilizaciones.

Tal vez el Universo es un lugar muy diferente: todavía no lo entendemos y el escenario del futuro está totalmente fuera de nuestro conocimiento y capacidad mental.

Magnus sabrá el futuro de todas las civilizaciones y seres, el futuro del Universo, y cómo escapar de él y a dónde ir para sobrevivir a la moribunda madre Universo, porque eso ya ha sucedido en el universo anterior.

Por ahora, el hombre es *Animalis habilis sapiens* bajo el control de una agencia aún desconocida en su viaje de millones de años hacia *(Homo) sapiens sapiens*.